Teubners Naturwissenschaftliche Bibliothek

Band 32

Insektenbiologie

Von

Prof. Dr. Christoph Schröder
Berlin-Lichterfelde

Mit 59 Abbildungen

Springer Fachmedien Wiesbaden GmbH 1926

ISBN 978-3-663-15349-8   ISBN 978-3-663-15918-6 (eBook)
DOI 10.1007/978-3-663-15918-6
Softcover reprint of the hardcover 1st edition 1926

Alle Rechte, einschließlich des Übersetzungsrechts, vorbehalten.

Vorwort.

Das Leben fordert Können vielmehr denn Kennen! Ist dies wahr, darf nicht eine gedächtnismäßige Häufung von Lehrstoff als Endziel des Unterrichts, noch eine rein sammlerische Betätigung des Naturfreundes als Schaffensinhalt gelten, sondern die Weckung bzw. Auswirkung der eigene Werte schaffenden Denktätigkeit.

Unmittelbare Beobachtung, eigener Versuch, wie sie den Mittelpunkt auch des naturkundlichen Unterrichts bilden sollen, erscheinen in hervorragender Weise berufen, zu selbständigem Denken, zur geistigen Ertüchtigung zu erziehen, vor allem bei einer ausgesprochenen Beschränkung des systematisch-morphologischen Gedächtnisstoffes zugunsten jener Beziehungen, welche im Individuum den warmen Pulsschlag der ganzen weiten lebenerfüllten Natur empfinden, im verwirrenden Wechsel der mannigfaltigen Erscheinungswelt das Beharrende, Ewige nicht vermissen lassen. Und wenn dieser Weg der Naturbetrachtung das „gesicherte Wissen" überschreiten, Hypothesen in ihrem Für und Wider weitgehend in den Bereich der Betrachtung einflechten wird, um so besser. Die Einsichtnahme in den geschichtlichen Werdegang unserer Kenntnisse, in die Geisteswerte weltenumspannender Theorien, in den Widerstreit hypothetischer Deutungsversuche wird zur Duldung auch einer anderen Auffassung bescheiden; denn noch stets hat der Fuß der Jahrhunderte den eitlen Wissensdünkel zertreten, um den Boden für eine neue, wahrhaftigere Erkenntnis zu bereiten.

Wenn ich mich mit diesem Büchlein, der übernommenen Aufgabe gemäß, zunächst an die reifere Jugend wende, so leitet doch die Darstellung daher über das übliche Schulwissen aus den entwickelten Gesichtspunkten so weitgehend hinaus, um als eine Einführung in die vielgestaltigen Probleme der Insektenbiologie gelten zu können.

Nicht dem Sammeln rede ich zu, dem gedankenlosen Zusammentragen getöteter Lebewesen; es ist wertlos, nein, vielmehr tadelnswert. Das Sammeln als Anhäufen von Totem führt keineswegs zu einem Verständnis für die Fragen, welche die Natur an uns richtet; es führt keineswegs zu dem unerschöpflichen Gewinn für Leib und Seele, welchen eine liebevolle Beschäftigung mit ihr dem ernsten Forscher bietet.

Der Mensch wurzelt in der Natur; sie geleitet ihn über die Alltagssorgen, über kleinlichen Verdruß, über Zweifel und Verzagen hinaus, sie weiß einen Weg zur Seele des Menschen auch dort zu finden, wo Unfriede, Kummer, Not das Gefühl für die höchsten Menschheitsziele verstockten.

Am unverfälschtesten äußert sich diese Aufnahmefähigkeit für die Sprache der Natur in der Jugend. Sie wird aber auch noch später nahezu stets wieder zu wecken sein, da die Liebe zur Natur ein unveräußerliches Erbteil der Menschheit bildet.

Berlin, im Dezember 1925.

Prof. Dr. Christoph Schröder.

Inhaltsverzeichnis.

	Seite
Vorwort	III
Einleitung	1
In Haus und Hof zur Winterszeit	3
Stubenfliege: Bewegungsweise, Flugtechnik, Nahrungsaufnahme, Entwicklung, u. a.; weit. Fliegen (Dipteren)	3
Krankheitsübertragung	16
Schildläuse: Formen, Lebensweise, Entwicklung	17
Schmarotzer (Parasiten): Läuse, Bettwanze, Flöhe, u. a.	22
Bremsen, Dasselfliege, Tachinen, Tsetsefliege und Schlafkrankheit	25
Fächerflügler, Organrückbildung	30
Totenuhr, Sichtotstellen, Katalepsie	35
Hausgrille, Schrill- und Zirpapparate, Hörvermögen	41
Schaben: Gewohnheiten, Lernvermögen, Nervensystem	48
Im Garten und auf der Wiese zur Frühlingszeit	53
Frühlingsfalter, ihre Überwinterung, Frostspanner	54
Überwinterung in den verschiedenen Entwicklungsstadien, Zweckfrage	56
Psychiden	61
Winterschlaf, Wärme- und Kältestarre, Sommerschlaf (Marienkäfer), Bluttemperatur	65
„Treiben" der Puppen, Temperatur-Experimente, Bildung von Aberrationen und Varietäten	69
Andere experimentelle Einflüsse auf die Färbung des Falters	78
Variabilität der Arten (Adalia bipunctata L.), Häufigkeitskurven, Ontogenie der Zeichnung, bestimmt gerichtete Entwicklung	81
Melanismus, Nigrismus (Aglia tau L.)	90
Blattläuse: Generationswechsel, Wanderungen	93
Sammelausrüstung und -methodik	98
Insekten und Blumen (Wechselbeziehungen derselben)	103
Farbensinn der Insekten (bes. Bienen), Sehvermögen der Insekten, Netzhautbild	108
Blütenduft, Riechvermögen der Insekten, Ködern der Insekten	115

Inhaltsverzeichnis

	Seite
Im Wald und am Teiche zur Sommerszeit	119
Biozönosen, Land- und Wasserörtlichkeiten	119
Entwicklung solitärer Bienen und Wespen (Megachile, Osmia, Eumenes)	122
Hypermetamorphosen (Mantispa, Epicauta, Anthrax, Sitaris, Meloë)	125
Schmarotzerbienen	131
Waldschädlinge, Nonne, Fraßbilder, Borkenkäfer	133
Wanderzüge und Schaden der Nonne, Vertilgungskampf gegen sie, Leimringe; Nützlinge: Schlupfwespen und Raupenfliegen, Puppenräuber	137
Variabilität der Nonne, Melanismen, Nigrismen, Kreuzungen, Vererbbarkeit	144
Vererbungsformen, dominante und rezessive Erbanlagen	146
Mutierte Formen	150
Probesammeln (bei Schädlingen)	153
Nahrung der Insekten, Mordraupen	154
Aufzucht der Insekten, Beobachtung (von Bodeninsekten, Ameisen), künstliche Nester	157
Ameisen und ihre Gäste	161
Staatenleben, physische Fähigkeiten der Ameisen	164
Wasserfauna, Einrichtung des Süßwasseraquariums, Wasser-Hymenopteren	166
Mücken: Anopheles und Culex, Bekämpfung	169
Weitere Mückenformen: Blephaceridae u. a.	173
Im Herbst auf Heide und Moor	175
Laufkäfer, Raubinsekten	176
Netzflügler (Neuropteren): Ameisenlöwe, Florfliege, Kameelhalsfliege, Skorpionsfliege	178
Gallen des Espenbocks, Brutfürsorge: Anthonomus, Borkenkäfer, Pillendreher, Kolbenwasserkäfer, Gattung Rhynchites (Trichterwickler)	180
Gallbildungen, Gallwespen, Generationswechsel derselben, Aufzucht	184
Schutzfärbung, Darwinismus (Selektionshypothese), Färbungsphysiologie	190
Ruhestellungen der Falter	192
Schreckfärbung und -stellung, Mimikry, Deszendenztheorie	194
Literaturverzeichnis	200
Sachregister	201

Einleitung.

Jedes Einzelwesen ist durch ein Netzwerk vielgestaltiger, auch weitreichender Fäden mit dem Naturganzen versponnen, die sich in ihrem Verlaufe öfters nur schwer oder nicht ins einzelne gehend verfolgen lassen, deren Beziehungen ihren offenbarsten Ausdruck in der Gleichstimmung des inneren und äußeren Aufbaues („Morphologie" im weiteren Sinne) wie der der Verrichtungen des Körpers im ganzen und in seinen Teilen („Physiologie") bezogen auf die artlich bzw. individuell besonderen Lebensverhältnisse finden. Wir können daher nur dann hoffen, uns dem Verständnis der gesamten Daseinsbedingungen eines Organismus zu nähern, wenn wir die auf den Einzelgebieten erzielten Ergebnisse zu einem Bilde einen. Trotzdem wird mir der für eine Insektenethologie ohnedem dürftige verfügbare Raum nicht immer gestatten, die Darstellung diesen viel- und feinfädigen Beziehungen innerhalb der Morphologie und Physiologie so ausführlich nachzugehen, wie es ihre Bedeutung erfordern möchte.

Denn das Heer der Kerftiere (Insekten) erscheint nach Art- und Individuenzahl unübersehbar. Von den mehr als 550000 beschriebenen Tierarten gehören nicht viel weniger als 400000 Arten zu den Kerfen. Wir begegnen ihnen überall, wo wir noch tierisches Leben erwarten dürfen, wenn auch an Zahl sehr unterschiedlich. Sie steigen die Berge hinan bis über die Schneegrenze und hinab bis an den Grund von Gewässern; sie leben in der Steppe unter sengender Sonnenglut wie in jener Wunderwelt der Tropfsteinhöhlen, welche nie ein Sonnenstrahl erhellt. Der blütenreiche heimatliche Anger birgt sie, das goldgelb wogende Kornfeld nicht minder wie das Schweigen des Waldes. An grünenden Pflanzen wie im modrigen Mulm; im Erdreich, im Holze verborgen oder leichten Fluges als „Segler der Lüfte", ungebunden von Blume zu Blume eilend oder als Parasiten jeglicher Bewegung bar; als vorzügliche Schwimmer und Taucher wie auf der Wasserfläche, selbst in das Meer hinaus schreitend; unter den frostigen Breiten der Polarnacht wie in heißen Thermen, und in berückender Farbenpracht und seltsamem Formenreichtum unter den heißen, feuchten Tropen: **sie sind überall**, sie und ihre Jugendformen, in ihrer Bedingtheit innerhalb des Naturganzen, unter allen geographischen Verschiedenheiten, unterschiedlich wie diese und über diese Mannigfaltigkeit weit hinausgreifend in den auf kleinstem Raum nebeneinander mehr oder minder scharf begrenzten örtlichen Gemeinschaften nach Boden und Pflanzenwuchs, als Haus und Freinatur, fruchtbarer und Ödboden, über kalkigem, moorigem u. a. Grunde, in Wiese und Wald, auf Feld und Flur, an schattiger oder lichter, feuchter oder trockener Stelle, in fließendem oder stehendem Wasser, in der Pfütze wie im See, an der Wurzel im Boden, im lebenden Stamme wie in faulenden Kadavern, an Blatt und Blüte, usf.: allerorts sind sie Gäste, als willkommene Nahrung für andere Tiere, auch unter ihresgleichen, ohne offensichtliche Bedeutung für die Schar weiterer Arten, der Schrecken jener Lebewesen, die ihre Massen befallen, eine Geißel oft auch für uns Menschen.

In diese sinnverwirrende Formenwelt, in diese Erscheinungen eines im einzelnen endlos eigenartigen Vorkommens, in diese vielgeschäftige Mannigfaltigkeit der Lebensgewohnheiten können wir für unsere Zwecke nur Ordnung tragen, wenn wir die **Betrachtung auf einzelne charakteristische Aufenthaltsorte der heimatlichen Insektenfauna beschränken**, wo wir diese in einzelnen großen Zügen an hervorragenden Arten als im betreffenden Naturganzen bedingt („Biozönose") und nach ihren wechselseitigen besonderen Beziehungen namentlich zur Umwelt zu erkennen suchen wollen, ohne zu versäumen, auf die Vielseitigkeit der Erscheinungen von der höheren Warte einer einheitlichen Auffassung hinabzuschauen. Die Beobachtung hat nach Möglichkeit unter den natürlichen Verhältnissen zu geschehen. Ich führe daher den Leser hinaus, wie es die Jahreszeit erlaubt, dorthin, wo wir die Kinder Floras jeweilig als am wundersamsten ausschauend, als am herzlichsten zu uns sprechend empfinden: im Frühjahr auf Wiese und Rain, im Sommer in den Wald und an den Teich, im Herbste über Heide und Moor.

In Haus und Hof zur Winterszeit.

Noch aber liegt diese Zeit fern, gerade führt der Winter einen letzten erbitterten Kampf mit dem Herbste um die Herrschaft: düsteres Gewölk jagt der sausende Sturm über das Himmelsblau, bald leuchtet für Augenblicke die Sonne in den stillen Tag; die letzten vergilbten Blätter wirbeln weithin aus kahlem Wipfel über noch grünende Wiesen, bald schlagen Regen-, bald Hagelschauer prasselnd gegen die Fenster. Unstät tobt der Streit auf und nieder, in dem sich die Natur nach dem mühsamen fruchtreichen Schaffen aus dem dürftigeren heimischen Boden die Zeit ruhender Erholung erzwingt, wie sie der kraftvollere Boden des tropischen Urwaldes nicht benötigt. Wir fürchten gewiß diese wetterwendischen Launen nicht; aber nie sonst erscheint uns die Wohnung mit ihren harten Schranken so traut. Und liebevoll fast verfolgen wir das Tun einer Stubenfliege, Musca domestica L., die sich einer Erinnerung gleich an die sonnigere Sommerszeit bis in diese unfreundlichen Tage erhalten hat, während wir sonst nur mit Leimstöcken und Fliegenpapier auf ihre Vertilgung bedacht zu sein pflegten.

Hurtigen, summenden Fluges ist die Fliege plötzlich da, läuft auf dem gedeckten Tische emsig umher, nascht von dem Zucker, läuft an dem Milchtopfe die Kreuz und Quer hinan, zur Milch hinein, gleitet vielleicht ab, stürzt dann auf die Fläche, ohne sich alsbald stark zu netzen und zu sinken, krabbelt sich wieder zur Topfwand, zum Ausgange, putzt Augen und Flügel zierlich mit den Bürstchen ihrer (Vorder-)Beine und ist nun mit einem Male oben an der Zimmerdecke, wo sie unbeirrt „kopfunter" Umschau hält, um dann zu den weißglänzenden Kacheln des warmen Ofens zurückzufliegen und eine Stelle zum Ruhen auszusuchen. So sahen wir es schon immer an den vielen Fliegen während des Sommers; wie selbstverständlich darum und nicht beachtlich.

Das Altgewohnte erscheint dem oberflächlich Urteilenden ganz zu Unrecht als des Nachdenkens wenig wert: doch sieht der ernste Forscher auch aus jenen Gewohnheiten der Fliege eine Fülle von Fragen an sich gerichtet, in deren Beantwortung Beobachtung und Scharfsinn wetteifern. Oder ist es nicht auffallend, verglichen mit unseren Fähigkeiten, ein Lebewesen nacheinander fliegen, an senkrechten glatten Wänden klettern, an der Zimmerdecke einherspazieren, über das Wasser schreiten zu sehen? Ich denke, so merkwürdig, daß wir dem Verständnis dieser Erscheinung nachgehen wollen.

Die über das Tischtuch eilende Fliege zeigt uns offenbar den geringsten Unterschied gegen die eigene Bewegungsweise, wenn es bei jener — wie bei den entwickelten Insekten (Imagines) überhaupt — auch drei Paar Beine sind, die wir als Vorder-, Mittel- und Hinterbeine unterscheiden. Ohne die Erklärungsversuche über das Wesen der Bewegungskräfte auch nur berühren zu können, dürfen wir uns doch dem Verständnis der mechanischen Wirkung dieser Kräfte zu nähern hoffen. Die Bewegungen der höher entwickelten Tierformen, unter ihnen der Insekten, kommen ganz allgemein durch die gemeinsame Wirkung von zwei Teilen zustande, deren einer die Fähigkeit der Zusammenziehung (Kontraktion) hat, deren anderer durch seine Festigkeit als Angriffspunkt für die Wirkungsweise dieser Formänderung dient, d. h. von Muskulatur und Skelett. Die Gestaltung des Skelettes,

In Haus und Hof zur Winterszeit 5

die Anordnung der Muskeln zu ihm bestimmen kann die Bewegungsvorgänge im einzelnen. Wir unterscheiden nun zwei wesentlich verschiedene Typen des Skelettbaues: ein inneres (bei den Wirbeltieren, beim Menschen), bzw. äußeres Skelett, wie es in bester Ausprägung der gesamte Tierkreis der Insekten besitzt.

Das äußere Skelett der Insekten, die Chitinhaut, erscheint aus röhrenförmigen Abschnitten gemäß der Segmentierung des Körpers und der Gliederung seiner Anhänge gebildet, deren Beweglichkeit gegeneinander dadurch gestattet wird, daß das meist als Falte eingestülpte Chitin zwischen den einzelnen Röhrenteilen so dünn und derart schmiegsam ist, daß der eine Abschnitt ringsgleich beweglich schachtelhalmartig in dem andern steckt (Abb. 1a). Da‑

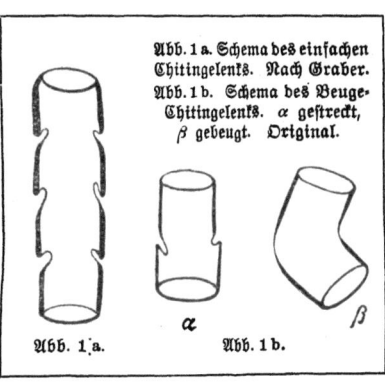

Abb. 1a. Schema des einfachen Chitingelenks. Nach Graber.
Abb. 1b. Schema des Beuge‑Chitingelenks. α gestreckt, β gebeugt. Original.

durch, daß diese dünne Gelenkfalte oft nicht ringsum gleichförmig angelegt, sondern an einer Seite tiefer geführt wird, an der entgegengesetzten mehr oder minder unausgebildet ist (Abb. 1b), wird die allseitige Beweglichkeit auf die Beugung an jener Stelle vertiefter Faltenbildung beschränkt. Die so aber immerhin noch verbleibende Freiheit der Bewegung lenken dann von den festen Röhrenteilen ausgehende, ineinandergreifende Vorsprünge mannigfacher Gestalt in die Bahnen bestimmter Bewegungsweisen.

Wie bei allen Insekten sehen wir auch bei der Fliege vor uns die drei Beinpaare dem Brustftücke seitlich in einer Art Gelenkpfanne durch ein Hüftglied (die Koxa) allseitig beweglich eingefügt. Auch bei ihr ist das nächste Glied, der Schenkelring (der Trochanter), wie meist, kurz (nur bei einer Gruppe der Ader‑

flügler [Hymenopteren] zweiteilig), während die beiden folgenden Stücke, der Regel gemäß, langgestreckt erscheinen; das dritte der ganzen Reihe (der Femur) als hauptsächlicher Träger der Muskulatur stärker als die übrigen, das nächste (die Tibia) besonders schlank, fast fadenfein, doch sehr fest. Der fünfte, der Endabschnitt der Beine (der Tarsus), gleichfalls im ganzen wie in den einzelnen Gliedern (der Tarsus im allgemeinen zwei- bis fünfgliedrig bei verschiedenen Arten), die ihn bilden, beugbar, trägt am letzten Gliede zwei winzige, spitzige Klauen (seltener findet sich sonst bei den Insekten nur eine Klaue vor), zwischen ihnen ein Paar mit feinen Borsten besetzter Fußpolster.

Diese Beinglieder können gegeneinander ähnlich bewegt werden wie unser Unter- gegen den Oberschenkel, so daß ein Vorderbein durch Ausprägung der Beugestellung bei befestigten Krallen den Körper zu sich heranzieht, während das Hinterbein derselben wie das Mittelbein der anderen Seite gerade umgekehrt in die Streckstellung übergehen und den Körper gleichsinnig vorwärtsbewegen, den die drei anderen Beine inzwischen stützen; und zwar wesentlich auf dem Unterschenkelende, während die Tarsenglieder nur mitschleifen bzw. zum Festhaken dienen. Dieser den Insekten überhaupt eigentümliche Gang, der durch Betupfen der einzelnen Fußsohlen mit verschiedenen Farben — zunächst bei den großen Laufkäfern (Carabus) — aus den Laufspuren festgestellt, übrigens nach der besonderen Bewegungsweise artlich recht verschieden ist, wird wohl auch doppelter Dreifußgang genannt. Seine erhöhte Geschwindigkeit wird nicht, wie etwa beim Pferde, durch größere Schrittweite, alsdann durch die ganz anderen Gangarten: Trab und Galopp erreicht, sondern einzig durch die gleiche, aber beschleunigte Bewegungsweise bei selbst unveränderter Schrittweite.

Und das, was besonders erstaunlich erschien, das Laufen über die Flüssigkeitsoberfläche, ohne sofort zu sinken, zu ertrinken, wird nicht so sehr als Folge des allerdings sehr geringen Gewichtes

In Haus und Hof zur Winterszeit

der Fliege anzusprechen sein, vielmehr der vollkommneren Fähigkeit einer Reihe von anderen Insekten. Die Füße dieser Formen bzw. ihr bis zur Randlinie eintauchender Körper sind, ähnlich dem fettglänzenden Gefieder der Wasservögel, unbenetzbar, so daß die Tierchen infolge der so zum Ausdruck gelangenden (Oberflächen-) Spannung (auch wohl in ihrer Wirkung als kapillare Depression bezeichnet) getragen werden.

Denn daß die Fliege an ihren Fußsohlen, an jenen Haftlappen, besondere Exkrete, welche diesem Zwecke dienen könnten, auszuscheiden vermag, erfahren wir, wenn wir dem ferneren Wege der Fliege an den glatten Kacheln, an den glänzenden Fensterscheiben entlang folgen. In Ansehung der schon bei geringer Lupenvergrößerung stark hervortretenden Unebenheiten an der Zimmerdecke in bezug auf die äußerst feinen und doch festen Fußklauen bleiben wir nicht zweifelhaft, wie wir das betr. Gehkunststück der Fliege zu werten haben: sie kennt keinen Schwindel und hakt sich mittels ihrer Klauen an jenen Unebenheiten fest.

Aber so kann sie doch nicht an dem derartiger Angriffspunkte baren Spiegelglas hinauflaufen? Nein! Hierfür benutzt sie das zuvor erwähnte Fußpolster; in welcher Weise, ist noch heute nicht unbestritten festgestellt. Zunächst hat man an das Verfahren gedacht, welches der Laubfrosch verwendet, um an seinem Wetterglase emporzuklimmen. Er legt die feuchten Sohlen flach der Glaswand an und hebt dann den mittleren Teil, ohne den Sohlenrand irgendwie zu lüften, an, so daß unter ihm ein luftleerer (bzw. luftverdünnter) Raum entsteht; der Überdruck der äußeren Luft (Atmosphäre) wirkt dann gemäß den Erscheinungen z. B. an den „Magdeburger Halbkugeln" Otto v. Guerickes und läßt den betr. Fuß an der Scheibe haften. Ich erinnere mich dabei immer einer Spielerei aus der Jugendzeit: mitten durch ein rundlich geschnittenes Stück Leder etwa von Handflächengröße wird ein Bindfaden genäht, verknotet, diese Zurichtung befeuchtet und z. B. gegen die glatte Stelle eines größeren Steines gepreßt;

beim Anziehen des Fadens erscheint die Scheibe dem Steine fest angesaugt, so daß dieser sich schleifen läßt. So etwa auch, nach der Art von Saugscheiben, erklärte man sich zunächst das Vermögen der Fliege, an glatten senkrechten Flächen zu eilen. Doch hat man später auf ihrer Spur mit dem Mikroskope Reste eines Klebstoffes gefunden, der, von den Polstern abgeschieden, offenbar dazu dient, die Fliege an jene Flächen beim Überschreiten anzuleimen. Die Fußkrallen könnten hierbei nur stören und werden über die Polster hochgeschlagen. Übrigens finden wir bei dem männlichen Wasserkäfer auch echte Saugscheiben an dem vorderen Beinpaare.

Ich denke, den Mitteln, welche die Fliege — und weiterhin die Insekten überhaupt — zum Laufen anwenden, haben wir nun hinreichend nachgespürt; was aber können wir noch von ihren Flugkünsten lernen? So schwer es uns geworden ist, das Reich der Lüfte fliegend zu beherrschen, so sehr uns dieser Erfolg noch heute einem Siege über die Naturgewalten gleich dünkt, so wenig Beachtung hat man den fluggewandteren Tieren geschenkt, so spät die Mechanik des Vorganges erkannt, dessen sie sich hierbei bedienen. Die Bewegung der Tiere innerhalb eines Mittels: Wasser oder Luft, führt zwar zu großer Übereinstimmung der Formen im ganzen, prägt aber doch für das Schwimmen bzw. Fliegen auch je besondere Merkmale in den Bewegungsmechanismen aus. Das Flugvermögen findet nur noch unter den Vögeln (zudem bei Fledermäusen und Flugfischen) eine ähnliche Ausbildung wie bei den Insekten. Die Technik desselben läßt sich nur mit unseren Flugzeugen (Aëroplanen), nicht aber mit den Lenkballons („Zeppelin" u. a.) vergleichen.

Zwar hat man „Luftsäcke" (Tracheenerweiterungen) besonders bei schweren, mit vergleichsweise kleinen Flügeln ausgestatteten Insekten (Hymenopteren, Schwärmern [Sphingiden]) und solchen mit nur zwei ausgebildeten Flügeln versehenen, gutfliegenden Gruppen, gerade den Fliegen, wie auch bei den besten Fliegern unter den Insekten überhaupt; diese Luftsäcke erscheinen bei dem ruhenden Tiere zusammengefallen. Durch ihre pralle Ausdehnung während des Fluges wird der Körperumfang des betr. Tieres naturgemäß vergrößert, es verdrängt ein Mehr an Luft und wird in ihr spezifisch leichter; in ähnlicher Weise, wie das sehr viel schwerere Eisen sich zu einer Hohlkugel formen ließe, welche im Wasser schwebt. Es ist nicht bekannt, welchen vergleichsweisen Zahlenwert diese Verminderung des spezifischen Gewichtes zu erreichen vermag, und hiermit muß es einstweilen unentschieden bleiben, ob jene Gewichtserleichterung als eine ausreichende Begründung für das Verständnis ihres Vorhandenseins betrachtet werden darf. Vielleicht haben diese Luftsäcke und -blasen eine mehrseitige Bedeutung: wie wir bei stärkerer körperlicher Betätigung, z. B. beim Laufen, sehr viel tiefer und lebhafter Atem holen, wird sich auch während des Fluges das Atembedürfnis erheblich steigern, dem jene Einrichtung verschiedenartig dienen könnte. Jedenfalls besitzen die Insekten keinen Auftrieb gleich den Lenkballons; sie haben vielmehr in der Flügelbewegung eine erhebliche Arbeit zu leisten, um nicht der Schwerkraft im freien senkrechten Falle zu unterliegen.

Die Tragflächen der Aëroplane stehen in Parallele zu den Flügelflächen der Insekten, die vom Motor gelieferte Kraftwirkung des Propellers zu der Muskelkraft, welche die Flügel bewegt. Die Vorgänge lassen sich in der Regel an das bekannte Spiel des Drachensteigenlassens anschließen, bei welchem eine ebene (besser zweckmäßig gewölbte) Fläche in schräger Stellung gegen die umgebende Luft bezüglich bewegt wird. Aber gerade die Flugweise der Fliege vor uns zeigt doch wesentliche Abweichungen von diesen Voraussetzungen; sie rechnet mit anderen Familien, z. B. den verwandten Mücken, aber auch den Hummeln, Wespen und Bienen wie den Libellen, zu den sog. Schraubenfliegern, von deren Flugbewegung z. B. für die Libelle kinematographische Aufnahmen vorliegen. Diese Tiere sind nur so lange schwebefähig, wie sie ihre Flügel mit hoher Schwingungszahl bewegen. Es fehlt ihnen das Vermögen zu gleiten; nur einige Li-

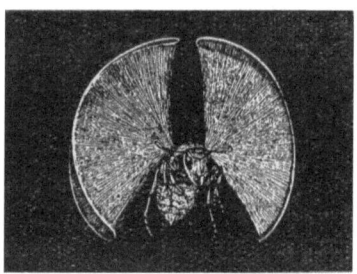

Abb. 2. Schema der Flügelbewegung einer Wespe. Nach Marey.

bellen haben für kurzdauerndes Schweben hinreichend große Flügel. Diese äußern dabei nach Weg und Gestaltung Formen, welche an Ausschnitte aus der Bahn einer Luftschraube erinnern (ihr Name: Schraubenflieger; Abb. 2). Allerdings kommt nirgend eine wirklich vollständige Umdrehung um eine Achse nach Art unserer Luftschrauben vor. Im allgemeinen ist die Schwingzahl bei den Doppelschraubenfliegern — mit zwei paar Flügeln — vergleichsweise niedriger; sie sind für die Wespe mit 110, für die Biene mit 190, für die Hummel mit 240, dagegen für die Stubenfliege mit 330 für die Sekunde angegeben; für die Mücken ist sie noch höher anzunehmen. Übrigens zeigt die kinematographische Aufnahmenfolge der fliegenden Libelle, daß sie die Vorder= und Hinterflügel nicht, wie sonst bei den vierflügligen Insekten Gewohnheit, gleichzeitig bewegt, sondern nacheinander derart, daß die Vorderflügel etwa in dem Augenblick beginnen, wenn die Hinterflügel die Rückwendung anfangen.

Die Akustik lehrt, daß die Tonhöhe direkt mit der Schwingungszahl wächst und daß wir Luftschwingungen bei einer Sekundenschwingungszahl von 16—17 zu hören vermögen. So begleitet auch den Flug jener Hymenopteren ein brummendes, summendes Geräusch, dessen Grundstimmung bei der Fliege höher liegt. Jener kräftigere Flugton deckt dabei die feine, ganz hohe „Stimme" der Fliege, welche zum Ausdruck gelangt, wenn man die Flügel festhält. Wie man jene hohen Schwingzahlen feststellen kann? Nach Methoden der Akustik: man läßt entweder eine Flügelspitze ihre Schwingungen in die berußte Oberfläche eines sich mit großer Geschwindigkeit drehenden Zylinders als Wellenlinie

In Haus und Hof zur Winterszeit

einzeichnen (Stimmgabelversuch in der Akustik) und berechnet aus der bekannten Umdrehungsgeschwindigkeit und der beobachteten Wellenzahl auf der Zylinderfläche die Schwingungszahl; oder man gewinnt sie durch Vergleich der Höhe des Flugtones mit der Tonfolge eines Instrumentes, z. B. Klavieres, deren einzelne Schwingungszahlen längst festgestellt sind. Die Übereinstimmung liegt für die Fliege beim eingestrichenen e oder f.

Mit diesen Hinweisen könnte die Flugmechanik der Fliege als skizziert gelten; doch dürfen wir nicht versäumen, der Bedeutung des Paares jener sog. Schwingkölbchen näherzukommen, welche wir unter einer kleinen Schuppe dort geborgen finden, wo bei anderen Insekten die Hinterflügel eingefügt sind, und welche die Reste (Rudimente) derselben darstellen. Diese wie zierlichste Trommelstöcke gestalteten Gebilde treten bei den großen Schnaken sehr viel ausgeprägter hervor. Beim Fluge werden sie mit hoher Schwingungszahl bewegt, wobei sie den Mantel eines Kegels beschreiben. So unscheinbar sie aber sind, ein einfacher Versuch läßt ihre notwendige Mitwirkung für das normale Fliegen dartun: entfernt man die Schwingkölbchen und wirft man die Fliege hoch, so überschlägt sie sich in der Luft, fällt nieder und vermag nicht aufzufliegen, trotzdem also die Vorderflügel gänzlich unverletzt geblieben und in naturgemäßer Tätigkeit erscheinen. In den Mechanismus der Wirkung dieser winzigen Schrauben sind wir zwar noch nicht vorgedrungen, wir haben sie aber nach dem angestellten Versuche jedenfalls als Gleichgewichts- oder Steuerschrauben zu betrachten.

Dieser mechanischen Zurichtung liefert die Muskulatur die Kraft, welche sie in Tätigkeit, das Tier in Bewegung versetzt. Wollten wir ein tiefergehendes Verständnis für die Muskelbewegung anbahnen, müßten wir nicht allein die Form- bzw Lageänderungen, sondern auch die gesamten histiologischen (des Aufbaues), chemischen und physikalischen Erscheinungen berücksichtigen, innerhalb welcher der Bewegungsvorgang nur eine je bedingte Einzelerscheinung bildet. Dies aber würde das Verständnis, das ich voraussetzen darf, wie den Raum dieses Buches gleichermaßen überschreiten. Rein äußerlich aber ist die Bewegungserscheinung bei einer Fliege entsprechend einfach zu verstehen wie bei uns selbst. Die Muskeln haben die Fähigkeit, sich auf den Reiz eines an sie greifenden Nerven hin zusammenzuziehen und durch diese Kontraktion als Zugkräfte zu wirken. Die gleichzeitig stattfindende Verdickung des Muskels, wie wir sie z. B. am Oberarm bei der Armbeuge beobachten können, ist dabei im allgemeinen bedeutungslos; dagegen kann die Zugkraft, welche an den Enden des sich zusammenziehenden Muskels zur Wirkung kommt, in mannigfaltiger Weise vom Organismus ausgenutzt werden. So bewirkt die Zusammenziehung des sie verbindenden Muskels bei zwei sich in einem Gelenke einenden Knochen auch unseres Körpers eine Bewegung beider Knochen gegeneinander. Befindet sich die eine Ansatzstelle des Muskels in Ruhe, bezogen auf die Lage des Körpers als eines Ganzen, so beschränkt sich die Bewegung auf den von der anderen Ansatzstelle erreichten Knochen.

Bei weitem die Hauptmasse der Muskulatur wird von den sog. quergestreiften Muskeln gebildet, welche unter dem Mikroskope durch die ganze Breite der Muskelfaser abwechselnd dunkle und helle Querbänder zeigen. Es sind das dieselben Muskeln, die wir an unseren Skeletteilen finden, denen wir auch bei der Fliege und bei den Insekten überhaupt wieder begegnen. Die quergestreiften Muskeln kennzeichnen bei uns die vom Willen abhängigen Bewegungen, jene, welche wir nach unserem Belieben in ihrem Verlaufe beeinflussen können, im Gegensatz namentlich zu der Muskulatur aus „glatten" Fasern, wie sie die Bewegungen des Blutgefäß= (außer Herz) und Verdauungssystems (z.B. Magen, Darm) ausführen.

Solche glatten Fasern sind auch für die Insekten vielseitig nachgewiesen, doch sind bei ihnen quergestreifte Muskeln selbst für

In Haus und Hof zur Winterszeit

die Verdauungsorgane charakteristisch. Während nun die Muskeln bei uns an Knochen ansetzen, werden diese bei der Fliege und den übrigen Insekten von dem äußeren Chitinskelette vertreten. Um die Gelegenheit für den Ansatz der verwickelten Muskulatur zu erweitern und damit die Leistungsfähigkeit zu steigern, gehen von ihm bei allen Formen mit Ausnahme der zu allen Zeiten flügellos gewesenen Thysanuren innere Chitinbildungen gleich einer Art Innenskelett aus, das zudem durch die Verlagerung des Ansatzpunktes die Zugkraft nach Richtung und Ausnutzung bedeutungsvoll zu bedingen vermag. Man hat auch die **Muskelkraft der Insekten** genauer zu bestimmen gesucht. Schon die oberflächliche Beobachtung läßt nicht zweifeln, daß die Kraftäußerung eines andauernd fliegenden, weit springenden oder tief grabenden Insektes eine vergleichsweise sehr hohe ist; und zwar hat die sorgfältigere Prüfung ergeben, daß die Muskelkraft bei kleinen Tieren verhältnismäßig bedeutender ist als bei großen. So vermag die Biene das 0,78fache ihres Körpergewichtes fliegend zu tragen, der **Laufkäfer** (Carabus auratus L.) das 17,4fache zu schleppen, Onthophagus nuchicornis L. schiebt sogar das 92,9fache; usf.

„Usf."; denn ich fürchte, selbst die Unbill des herbstlich winterlichen Wetters draußen rechtfertigt es nicht, daß wir der beschaulichen Ruhe des Zimmers mehr Raum innerhalb dieses Büchleins opfern, um uns dem Verständnis der Mittel und Vorgänge noch weiter zu nähern, welche der Fliege ihre mannigfaltigen Lauf- und Flugkünste gestatten. Aber dürfen wir uns so leichten Herzens von der Fülle aller der anderen Rätsel trennen, deren Lösung das Verhalten der Fliege als Aufgabe stellt? Eine Fülle von offenen Fragen, wie sie ihre Gewohnheiten auch an den flüchtigen Beschauer richten. Wir sehen, wie sie ein **Zuckerkrümchen auf dem Tische fortnascht**, und dürfen überzeugt sein, daß sie auch die Milch nur aufsuchte, um zu trinken. Und dazu bedient sie sich eines Mundwerkzeuges, dessen Eigentümlichkeiten unsere volle Aufmerksamkeit verdienen. Die Lupenbetrachtung bereits lehrt uns, daß der „Saugrüssel" im wesentlichen aus einem gelenkig geknieten zylinderförmigen Gebilde besteht, das an seinem verjüngten Ende zu einem fleischigen zweiteiligen Polster anschwillt. Wir stellen ferner unschwer fest, daß dieser Zylinder hohl ist, besser gesagt — ein äußerst zartes Saugrohr birgt, bedürfen aber für die weitere Untersuchung des Mikroskopes. Sie hat ergeben, daß von diesem Rohre aus, welches andererseits durch den Schlund in den Magen führt, über die ganze untere Fläche jener Lippenpolster bis zum Rande schmale Rinnen ausstrahlen, die sich in einer sehr engen Längsspalte nach außen öffnen; ferner daß neben jenem Saugrohre ein anderes noch ungleich feineres verläuft, in dessen Spitze ein „Speichelrohr" mündet. Diese Bezeichnung läßt uns bereits seine Bedeutung erraten, denn wir denken dabei sofort an den eigenen Mundspeichel, welcher gleichfalls Zucker u. ä. zu lösen vermag.

Sehr bemerkenswert aber erscheint, daß die Fliege diese kostbare Flüssigkeit heraustreten läßt. Oder müßte sie nicht fürchten, daß sich der Speicheltropfen in dem grob porösen Zucker gänzlich verliert? Gewiß; doch der Speichel bleibt in jener Rinnenfurche angezogen, bzw. tritt durch die Längsspalten in so dünner Schicht über die Tupffläche und von ihr derart gebunden (Adhäsion) mit dem Zucker in Berührung, daß sie diesen zwingt, sich in ihm zu lösen, ohne selbst der ansaugenden Kraft des Zuckers zu unterliegen. Das Zuckerwasser wird dann durch das Saugrohr die Rinnen entlang vom Magen angesogen. So ist die Fliege imstande, unmittelbar auch feste Nahrung aufzunehmen, soweit sie sich eben in ihrem Mundspeichel löst. Und so probiert sie fortgesetzt durch Betupfen, inwieweit der Inhalt unserer Tafel eine für sie geeignete Nahrung bilden würde. Übrigens ist sie auch dadurch in der Lage, einer Vergeudung des Sekretes vorzubeugen, daß sie die Mündung des Speichelrohres verschlossen hält.

Kaum ist der Tisch für uns gedeckt, schon stellt sich die Fliege als ungeladener Gast ein. Leitet sie das Riechvermögen? Wir

In Haus und Hof zur Winterszeit

wissen, wie starke Anziehung der Geruch von Fleisch, Aas oder Käse auf gewisse Fliegenarten ausübt; riecht aber der Zucker! Das Sehvermögen der Fliege ist sicher nicht übel; wir haben es oft besonders am frühen Morgen erfahren, wie schwer es ist, sie zu erhaschen. Als Gehörorgan spricht man einen Befund zahlreicher Nervenstiftchen an der zarten Gelenkhaut zwischen dem zweiten und dritten Fühlergliede an, die für die Aufnahme der Schallwellen bestimmt wäre; die Geschmacksorgane breiten sich auf den Lippenpolstern aus. Und jeder hat beobachtet, wie der Wintersgast die Orte molliger Wärme aufsucht. Ob sie aber auch „lernen", d. h. ihre Gewohnheiten nach der Erfahrung abändern kann? Es wird z. B. behauptet, daß nur die törichte „Landfliege" der Verfolgung durch die Fensterscheibe hindurch zu entgehen suche, nicht aber die gewitzigtere „Stadtfliege".

Woher aber kommen die massenhaften Fliegen während des Sommers, da doch im Frühjahr zunächst nur einige wenige überwinterte auftreten? Es läßt sich diese Frage insofern nicht ganz eindeutig beantworten, als es zwar nicht unwahrscheinlich, doch wenig sichergestellt erscheint, daß diese Fliegen überhaupt noch zu einer Eiablage schreiten. Andererseits ist aus Zuchtversuchen zu schließen, daß auch Puppen den Winter überdauern, deren während der ersten Frühjahrswärme geborene Imagines sich unter die überwinterten gesellen und solche vortäuschen könnten. Im allgemeinen führen die weißen, fußlosen Larven (Maden), welche das Ei schon nach 12—24 Stunden verlassen, ein wenig beachtetes Dasein in ihrer Nahrung: vegetabilischen Abfällen, Mist in Ställen u. dgl. verborgen. Die Nahrung steht im Überfluß zu ihrer Verfügung, es bedarf keinerlei Bemühung um sie; daher wächst die Made sehr schnell, in etwa 14 Tagen, heran, um schon nach weiteren 14 Tagen die Fliege aus der sog. Tönnchenpuppe zu entlassen. So folgt im Laufe der wärmeren Monate eine Generation kurz auf die andere, jedes Weibchen legt hundert und mehr Eier, so daß die Zahl schnell ins Ungeheure anwachsen würde, wenn nicht ungezählte Scharen ihren natürlichen Feinden wie der menschlichen Verfolgung zum Opfer fielen, andere massenhaft dem Befalle durch tückische Pilze erlägen und schließlich die winterliche Kälte ihrer Entwicklung ein Ziel setzte; bis auf die vereinzelten Tiere, welche sich dem Schutze des warmen Zimmers anvertrauten. Jener Pilzepidemie sind solche Fliegen erlegen, die irgendwo, von einem Hauche weißen Staubes, den Sporen des Pilzes, umgeben, mit stark aufgetriebenem Körper wie festgeklebt haften.

Wollten wir trachten, der ganzen Summe der Lebenserscheinungen auch nur der gemeinen Stubenfliege verstehend näherzutreten, der ganze Umfang dieses Buches würde weit nicht ausreichen. Wir können uns, von ihr scheidend, nur noch daran erinnern, daß sie bei aller Einsamkeit während der kalten Winterszeit im freundlicheren Sommer doch einer ganzen Zahl von Verwandten als weiteren Hausgenossen begegnet. In den Speisekammern sind es z. B. die großen rotäugigen Schmeißfliegen (mit schachbrettartig stahlblau und weißgrau gemustertem Hinterleib [Sarcophaga carnaria L.]), welche Fleisch in jedem Zustande mit ihren lebend geborenen Larven überschütten, übrigens in der Natur sonst durch ihre Mitwirkung an der Beseitigung von Aas nicht ohne bessere Bedeutung sind. Während sie im Wohnzimmer mit lautem Brummen gegen die Fenster torkeln, können sie draußen sehr zudringlich werden und selbst beim Menschen bisweilen offene, unsauber gehaltene Wundstellen zur Ablage ihrer Brut benutzen, die dann arge Eiterungen erzeugt.

Während die Stubenfliege uns mehr als ungebetener Tafelgast lästig wird, hat eine kleinere, sehr ähnliche Art (Dexia canina F.) die unverschämte Gewohnheit, stets wieder genau dieselbe Stelle unseres Gesichts aufzusuchen, so oft wir sie auch vertreiben und auf endliche ungestörte Ruhe hoffen. Nun aber erst die sonst gleichfalls ähnliche Stechfliege (Stomoxys calcitrans L), die Mensch und Tier in Haus und Hof wie im Freien überfällt, um recht schmerzhaft zu stechen. Da sie auch an Aas und kranke Tiere geht, gehört sie jener Gruppe von Insekten an, die wir als Krankheitsüberträger zu fürchten haben. Dagegen erscheinen die springfreudigen und -fertigen Maden der Käsefliege (Piophila casei L.) als harmlose Anzeichen einer hinreichenden Ablagerung des Käses, wenn wir nicht vorziehen, diese mit unserem Riechvermögen festzustellen. Ähnlich bevorzugt die Essigfliege (Drosophila funebris F.) in Gärung übergehende Flüssigkeiten (Fruchtsäfte, Wein, Bier usf.), denen sie oft in dichten Schwärmen entfliegt. Hiermit ist längst nicht einmal die Zahl der regelmäßigeren Wohnungsbesucher erschöpft. Was sich sonst noch alles an „Fliegen" mehr oder minder öfters, besonders vor den Fenstern im Zimmer, findet festzustellen, würde keine üble Aufgabe des Sammeleifers sein.

Die „Einleitung" hat darauf hingewiesen, daß wir überall dort einem Insektenleben begegnen, wo wir Pflanzenleben finden. Trifft diese Behauptung auch für unsere Zimmerpflanzen, mitten im Winter zu? Wir suchen einen der im nicht zu warmen Zimmer den Winter blattgrün überdauernden Evonymus=Töpfe ab und werden meist an Blatt oder Zweig bei näherem Prüfen winzige Höckerchen beobachten, die bei der Berührung ziemlich leicht abfallen und an ihrer Stätte einen gegen die Umgebung helleren Fleck zurücklassen. Betrachtet man diese Gebilde von unten, so stellt man innen eine Höhlung fest, die das Ganze einem mehr oder minder gewölbten Schilde gleichen läßt, an dessen einem Ende ein feiner Spalt klafft. Die Höhlung ist mit einem feinen Pulver erfüllt. Die tierische Herkunft jenes Schildchens weist uns der sich an der Flamme entwickelnde Geruch ähnlich verbrannter Wolle nach; das Pulver erraten wir hiernach als Eier, sofern uns nicht die mikroskopische Prüfung desselben durch das Auffinden kleiner sechsbeiniger Tierchen mit saugenden Mundwerken, also Insekten, neben ihnen diese Vermutung zu bestätigen vermag.

Die verschiedenen Umrißformen und Färbungen dieser etwa bis 2 mm messenden Gebilde von „Schildläusen" ent=

sprechen meist auch getrennten Arten: bei birnenförmigem, weißem Schilde der Chionaspis salicis L: bei breit miesmuschelförmigem, dunkelschokolabebraunem der Ch. evonymi Comst.; bei gewölbt kreisrundem, rötlich= oder dunkelbrau= nem, oft hel= ler geran= detem dem südlicheren Chrysom- phalus dic- tyospermi Morg.; usf. (Abb. 3.) Zu anderer Zeit mögen uns andere nackte, fast flache bis gewölbte, ungegliеder= te, braunfarbige, meist größere Tiere ohne Schild auffallen, Ver= wandte jener, meist der Pulvinaria betulae L. von gerundet ei=herz= förmigem Umrisse oder dem Lecanium oleae Bern. mit breit eiför= migem Umrisse angehörend; usf. Andere wintergrüne holzige Pflanzen wie Lorbeer, Myrte, Oleander, auch Palmen werden uns weitere Ausbeute liefern; und wollten wir alsdann auch den Garten mit seinen stillträumenden Sträuchern und Obstbäumen prüfen, würden wir die Sammlung sicher weiter bereichern.

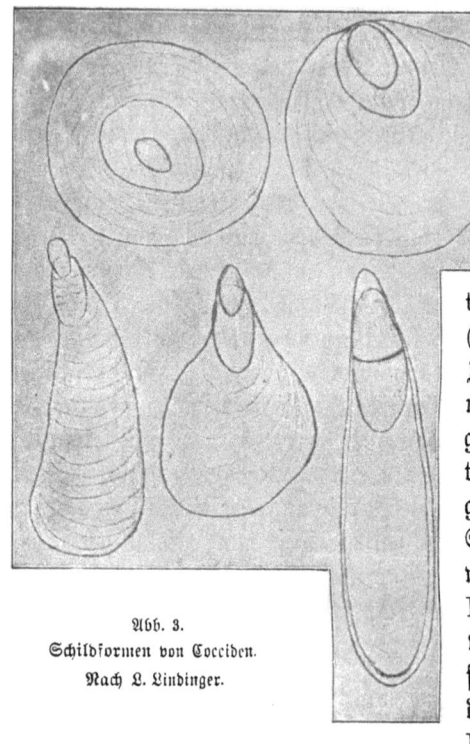

Abb. 3.
Schildformen von Cocciden.
Nach L. Lindinger.

Der Eivorrat unter dem Schilde zeigte, daß jene äußerlich jeder Insektenähnlichkeit baren Körper weibliche sind, die ihrer

In Haus und Hof zur Winterszeit

Brut diese letzte Fürsorge schenken. Den gänzlich abweichenden Männchen begegnen wir seltener und nur zur eigentlichen Entwicklungszeit der Pflanzenwelt. Sie sind Insekten von 1 bis höchstens 4 mm Länge mit wohlgegliedertem Körper, mit meist gut entwickeltem vorderen, doch stets zu winzigen kölbchenartigen Rudimenten rückgebildetem hinteren Flügelpaare. Perlschnurgleiche, behaarte Fühler und meist gehäuft stehende Punkt=, seltener wirkliche Netzaugen lassen keinen Zweifel an der sonst gewohnten Ausbildung der betr. Sinne. Doch fehlen dem erwachsenen Männchen die Mundwerkzeuge, die sie naturgemäß für die in fünf Stadien verlaufende Entwicklung zur Nahrungsaufnahme benötigten.

Ihre durchweg größeren Weibchen ähneln vielfach eher pflanzlichen Auswüchsen. Stets flügellos verlieren sie im Laufe ihrer meist dreistadigen Entwicklung oft auch Fühler und Beine. Nur bei wenigen Arten erhalten sie sich erwachsen noch die Freibeweglichkeit ihrer jungen Larven; sie sitzen vielmehr regungslos an einem Pflanzenteil festgesogen nnd erfüllen ihre Lebensaufgabe indem sie über ihren Eiern durch Verdickung des chitinigen Körpers oder durch Wachsausscheidungen eine schützende Decke breiten (Abb. 4); einige gebären lebendige Junge. Jene Wachsbildungen können sich als regelmäßig geformte Blättchen oder Höcker über den Körper decken, oder bei fädiger Anordnung regelmäßiger erscheinende Hüllen wie formlos geballte Polster bilden, oder pulverförmig staubig bis zu einer festen schildgleichen Masse das Tierchen überziehen. Meist ist dem Wachse Chitin beigemischt; bei einigen Formen wird fast gar kein Wachs abgeschieden; in diesem Falle liefert allein der Körper des Weibchens die schützende Hülle für die Nachkommenschaft; die ihn verstärkende Chitinverdickung der Rückenhaut zu einem schalen= bis kugelförmigen Gebilde verwischt die Gliederung und zugleich die Tierähnlichkeit.

Die aufgefundenen Chionaspis und Chrysomphalus gehören

der weitverbreiteten Unterfamilie der Diaspinae an, bei denen der „Schild" in der Regel die abgeworfenen Häute des Larven- und zweiten Stadiums, als „Fleck" bezeichnet", bei runder Gestalt meist etwa in der Mitte, bei gestreckter Form am schmalen Ende erkennen läßt. Naturgemäß wird die Laus auch von einer bauchseitigen Chitinhaut eingeschlossen, die aber meist zartwandig bleibt. Sollten wir bei anderen Gattungen nur eine einzige Haut erkennen, würden wir doch bei sorgfältigerer Untersuchung auch die andere zweite, aber von mehr oder minder gleicher Größe wie der Schild und deshalb weniger auffallend, auffinden. Die so in der zweiten Haut eingeschlossen bleibenden erwachsenen Weibchen — übrigens ein in allen drei Diaspinengruppen sich findendes, also kein systematisches Merkmal — erscheinen gegen die schädigenden Einflüsse starker Sonnenbestrahlung, der sie bei ihrer völligen Unbeweglichkeit nicht zu entfliehen vermöchten, besser geschützt und finden sich daher häufig auch auf der Blattoberseite.

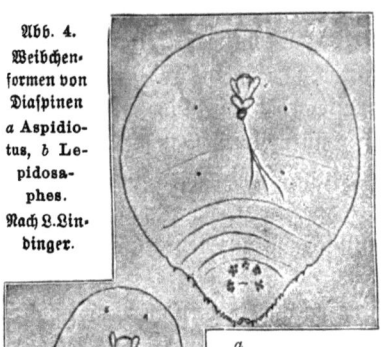

Abb. 4. Weibchenformen von Diaspinen a Aspidiotus, b Lepidosaphes. Nach L. Lindinger.

Manche Schildlaus- (Cocciden-) Arten beschränken ihr Vorkommen auf eine ganz bestimmte Nährpflanze oder doch auf Angehörige derselben Pflanzengattung; einige wechseln dagegen selbst zwischen Bedeckt- und Nacktsamigen; anderen begegnet man auf einer ganzen Zahl von Gattungen innerhalb derselben Pflanzenklasse; viele andere gedeihen auf allen möglichen Pflanzen. Nur die Blüten besitzen keine ihnen eigentümlichen Cocciden; sonst werden Blätter, Stamm und Früchte zugleich oder in ausgeprägter Wahl befallen.

Die Schildläuse entziehen ihren gesamten Lebensbedarf der Pflanze, in welche sie ihren Saugrüssel gesenkt haben. Das winzige Einzeltier bedarf keiner nennenswerten Nährstoffmenge und kann seinem „Wirte" daher nicht eigentlich schädlich werden. Sind er es der kleinen Feinde aber ungezählte Tausende, kann ihr Befall den Tod der Pflanze ohne äußerlich erkennbare Veränderungen herbeiführen. Die gelblichen oder rötlichen bis braunen Saugflecken entstehen durch Zerstörung des Blattgrüns, die grünen Flecken an manchen immergrünen Blättern dagegen infolge einer Verlängerung der Lebensdauer desselben. In anderen Fällen können Zweigkrümmungen, am Stamme mehr oder minder tiefe, unregelmäßige Einsenkungen bis in den Holzkörper hinein, aber auch im Gegenteil Anschwellungen (Gallen), Wucherungen aus der gerissenen Rinde u. a. die Folge der Saugwirkung sein. Die Abhängigkeit der Cocciden von ihrer Nährpflanze äußert sich in der gleichstimmigen Entwicklungsgeschwindigkeit beider (wenige Wochen bis zum erwachsenen Tiere), auch in der Abhängigkeit der erreichten Größe (oft um das Dreifache gesteigert) je nach der Wirtspflanze. Obwohl die Schildläuse im allgemeinen windgeschützte, warme Standorte vorziehen dürften, kommen sie doch durchaus an anderen vor, nicht überall in allen Arten; einzelne sind eingeschleppt.

Wenn ich die Aufmerksamkeit für diese so mißachtete Insektenfamilie ein wenig länger als sonst üblich habe voraussetzen müssen, ist es in der Hoffnung geschehen, in diesen kurzen Worten eine Andeutung ihrer um nichts minder fesselnden biologischen Verhältnisse jenen farben- und formenfrohen Gruppen wie Schmetterlingen und Käfern gegenüber geben zu können; die größere Zahl einfacher und doch noch unbeantworteter Fragen macht das Studium der Schildläuse zu einem besonders dankbaren.

Die weitersinnende Erinnerung an die merkwürdige Formrückbildung der erwachsenen weiblichen Schildläuse wird nach einem Verständnis für diese Erscheinung, nach ihrer Bedingtheit forschen. Wir empfinden hierbei den Wunsch, sie innerhalb der Äußerungen des Schmarotzertums (Parasitismus) überhaupt zu betrachten. So bezeichnet man die Lebensweise jener Lebewesen, wie sie auf Kosten anderer Lebewesen, der „Wirte", erfolgt. Wir müssen uns leider in Ansehung der außerordentlichen Mannigfaltigkeit uud Verbreitung dieser Erscheinungen beschränken; ich denke im wesentlichen auf eine Skizze jener, welche die parasitischen Beziehungen von Kerfen zu anderen Tierklassen betreffen. Die echten Parasiten benutzen den Wirt nicht nur als Wohnung, sondern entnehmen ihm direkt auch ihre Nahrung; sei es, daß sie auf seiner Oberfläche (Ektoparasiten), sei es, daß sie im Innern (Entoparasiten) leben. Man unterscheidet die auf eine schmarotzende Lebensweise angewiesenen Formen wieder als **dauernde oder zeitweilige Parasiten**. Erstere können lebenslänglich an ihren Wirt gebunden sein, ohne daß bei ihnen überhaupt freilebende Entwicklungsformen auftreten; oder nur in bestimmten Entwicklungszuständen, so daß dauernd parasitierende und freilebende Stadien gesetzmäßig abwechseln. Unter die dauernden Schmarotzer zählt z. B. einiges aus der engsten Bekanntschaft auch manches Menschenkindes, mancher Wohnung: **Läuse und Wanzen**, diese zu vollem Recht übel beleumbeten „Gasttiere", welche ihre ganze Entwicklung auf Kosten von Menschenblut nehmen, erstere auch ihre ständige Wohnung an ihm.

Unter diesen die **Kopflaus** (Pediculus capitis Nitzsch), eine über die ganze Erde an den Kopfhaaren des Menschen verbreitete Art, an welche das Weibchen etwa 50 Eier leimt, deren Inhalt sich schon nach 18 Tagen zu fortpflanzungsfähigen Individuen entwickelt hat. Das ergibt, wenn nicht gründliche Sauberkeit ihre Reihen arg lichtet, geradezu furchtbare Zahlen: von einem einzigen Weibchen — gleichmäßige Verteilung der Geschlechter angenom-

In Haus und Hof zur Winterszeit

men — nach etwa 2½ Monaten mehr als eine Dreiviertelmillion Nachkommen. Vielleicht noch lästiger, weil ihre in die Falten der Wäsche und Kleider abgelegten Eier schwieriger abzutöten sind, wird die besonders an Hals, Nacken, Brust und Rücken des Menschen schmarotzende Kleiderlaus (Pediculus vestimenti Nitzsch) Mit diesen beiden Arten ist unsere eigene heimatliche Läusefauna nicht erschöpft, andere noch leben in anderen Klimaten, eine Fülle weiterer Arten auf warmblütigen Wirbeltieren, z. B. ebenfalls auf dem Haushuhn mehrere Arten.

Auch die Bettwanze (Cimex lectularius L.), die aus Ostindien stammen soll und für Deutschland erstmalig im 11. Jahrhundert aus Straßburg berichtet wird, erfreut sich seit langem einer Verbreitung über die ganze Erde. Ich kann nur vom Hörensagen auf die Schrecknisse hinweisen, welche ihr Erscheinen für den müden Schläfer bedeutet; vielleicht ist ihnen tatsächlich nicht das Blut aller Menschen gleich wohlschmeckend. Während des Tages in irgendwelchen Rissen und Fugen der Bettstelle, der Möbel, des Fußbodens, hinter der Leiste oder den Tapeten geborgen, sollen sie nachts selbst von der Zimmerdecke aus über den ahnungslos Schlummernden herfallen, um ihn lieblos zu zerstechen. Nächsten Tages zeugen beulengleiche Anschwellungen der Stichstellen, deren Jucken mehrere Tage anzudauern pflegt, von diesem ungleichen Kampfe. Und das Vergnügen des Zerdrückens dieser Plagegeister erfährt eine starke Beschränkung durch den eklen Geruch, welchen sie dabei ausströmen. Auch die Tiere haben unter dieser Geißel zu leiden. Hennen z. B., die das Brüten unruhig unterbrechen, nur zögernd zum Neste zurückkehren, es schließlich ganz verlassen, werden meist von Wanzen, deren Exkremente die Eier mit kleinen schwärzlichen Flecken zeichnen, derart gepeinigt sein, daß sie ihren Mutterpflichten entsagen.

In einem Atem mit diesen Missetätern nennt man gern die Flöhe, die aber im System weit getrennt von jenen stehen, früher den Zweiflüglern (Dipteren) angeschlossen wurden, jetzt aber zu einer eigenen Ordnung der Suctoria erhoben sind, deren Angehörige ohne Ausnahme Schmarotzer am Menschen, an Säugetieren oder Vögeln sind. Sie sind aber keine Dauerschmarotzer, insofern sie ihre Entwicklung, den Larvenzustand, fernab von ihrem späteren Wirte, von pflanzlichem Abfall lebend erfahren. So wachsen die fußlosen Maden des über die ganze Erde verbreiteten Menschenflohes (Pulex irritans L.) in Mulm, im "Schmutze" zwischen Bretterdielen und anderen Orten unter günstigen Verhältnissen schon in elf Tagen heran, nachdem sie je nach der Temperatur (Jahreszeit) sechs bis zwölf Tage als Ei zugebracht hatten, um dann noch wiederum etwa 11 Tage der Puppenruhe zu pflegen. Die "vollkommene" Verwandlung (Metamorphose) der Flöhe gegenüber den ihren Eltern alsbald nach Verlassen des Eies ähnlichen Läusen und Wanzen kennzeichnet sich durch die Einfügung eines freilebenden Larvenstadiums.

Auch die Käfer (Coleopteren) haben ihre Schmarotzer, allerdings wenige. Die Larven der spanischen Fliege (Lytta vesicatoria L.) leben als Gäste bei Erdbienen, die des Maiwurms (Gattung Meloë) in Bienenstöcken. An echten Schmarotzern aber kennt man aus dieser formenreichen Ordnung nur zwei Arten, deren eine 2 bis 3 mm lang (Platypsyllos castoris Rits.; Abb. 5) bis vor nicht langem nur vom kanadischen Biber berichtet war, bis man sie auch an einem heimischen Biber, der sich am Ufer des Walbersees nahe der mittleren Elbe in einem Fischottereisen gefangen hatte, über den erkalteten Körper ruhlos umherlaufend beobachtete. Ihre Larven parasitieren in den Mundwinkeln des Bibers. Die Larve der anderen etwas größeren Art lebt parasitisch im Körper der Küchenschabe.

Die Schmetterlinge wenigstens unserer heimischen Tierwelt stellen keine Vertreter unter die Schmarotzer, so groß auch der Schaden zu werden vermag, den z. B. die unausrottbare Kleidermotte (Tinea pellionella L.) an dem Haarkleide der Felldecken, an den Teppichen unserer Zimmer usf. anzurichten weiß. Ganz außerordentlich groß dagegen ist die Zahl der parasitierenden Hautflügler (Hymenopteren), und sehr bemerkenswert auch der Formenreichtum schmarotzender Zweiflügler. Während das Vorkommen ihrer Larven als Innenschmarotzer des Menschen mehr auf die Tropen beschränkt ist und bei uns eine seltene, durch eine Folge besonderer Umstände bedingte Ausnahme bildet, sind es deren eine ganze Reihe von Arten, welche unser Weidevieh und andere größere Säuger gefährden: so die Bremsen oder Bremen.

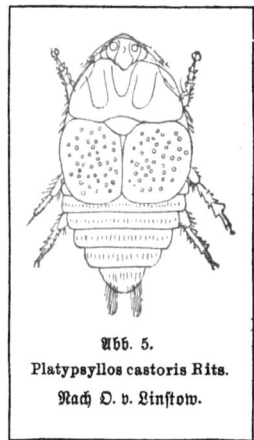

Abb. 5.
Platypsyllos castoris Rits.
Nach O. v. Linstow.

Von ihnen sei die Pferdebremse (Gastrophilus equi F. [intestinalis Deg.]), welche auch schon bald über die ganze Erde verbreitet ist, hervorgehoben; sie fliegt bei uns vom Juni bis Oktober. Ihre Larven, welche voraussichtlich mit den an die Haut bzw. das Haarkleid der Pferde gelegten Eiern aufgeleckt werden, haken sich an der inneren Magenwand des Wirtes nicht selten in größerer Zahl beieinander fest, den sie erst nach etwa zehn Monaten als erwachsene Larve durch den After mit dem Kot verlassen, um sich, oberflächlich in feuchte Erde eingewühlt, alsbald zu verpupen und nach 30—40 Tagen die Fliege zu entlassen. Neben der Schafbremse (Oestrus ovis L.), deren Larven in den Stirnhöhlen der Schafe schmarotzen, erscheint namentlich die Bies- oder Dasselfliege (Hypoderma bovis L.) ebenso zu Recht berüchtigt wie in ihrer Entwicklung höchst eigenartig. Diese ist erst vor kürzeren Jahren in ihrem ganzen Zusammenhange erkannt worden.

Wenn wir in den Monaten Juni bis September Rinder mit senkrecht erhobenem Schwanze über die Weide dahinrasen (umher- „biesen") sehen, dürften es in der Regel jene kaum $1^{1}/_{2}$ cm großen Dasselfliegen sein, vor denen die Riesen, die Rinder, in instinktiver kopfloser Angst flüchten. Die Fliegenweibchen legen mittels einer viergliedrigen Legeröhre ihre gestreckt eiförmigen Eier, die am schmäleren Ende zwei herzförmige, klebrige Haftlappen zeigen, an das Haarkleid der Rinder ab. Dies hatte man seit langem beobachtet, ebenso die zu Beginn des nächsten Sommers in deren Haut hervortretenden eitrigen „Dasselbeulen", deren durch eine feine Öffnung nach außen führende Mitte eine Made, eben jene der Dasselfliege, birgt. Man dachte sich daher ihre Entwicklung einfach so, daß sich die dem Ei entschlüpfte Larve in die Haut ihres Wirtes einbohre, und in ihr als Folge dieses Angriffes jener entzündliche Gewebezustand mit dem stetigen Wachstum der Larve langsam heranreife.

Derartige Eiterungen dienen auch sonst dazu, Fremdkörper zu entfernen, z. B. Splitter aus dem Finger. Nun haben aber nähere Untersuchungen gelehrt, daß dieser als nächstliegend angenommene Entwicklungsvorgang gänzlich unzutreffend ist. Vielmehr werden die Eier, ähnlich jenen der Pferdebremse, abgeleckt; aus ihnen schlüpfen schon im Munde die im Ei bereits fertig ausgebildet eingeschlossenen Embryonen, um sich weiter unten in der Speiseröhre mit ihren am Kopfende liegenden Bohrstacheln in die Muskulatur der Speiseröhre einzubohren und von hier bis in die Magengegend vorzudringen. Im Juli sind diese Larven, deren Entwicklung drei durch Häutungen getrennte Zustände unterscheiden läßt, 2 mm lang, im Oktober 8 mm und im Dezember 16 mm. Dann bohren sie sich aus dem Gewebe der Speiseröhre hinaus in den freien Innenraum der Bauchhöhle, wo sie umher wandern, bis sie die Wirbelsäule erreichen, an der sie an der Stelle der sog. Zwischenwirbellöcher, durch welche Blutgefäße und Nerven das Rückenmark verlassen, in den Markkanal für einen zwei- bis dreimotigen Wanderaufenthalt eindringen. Erst etwa im Februar suchen sie von hier aus das Unterhautbindegewebe auf; es entstehen die Dasselbeulen. Nach ferneren etwa zwei Monaten verlassen die Maden sie durch jene mittlere Öffnung an der meist hervorragenden Stelle und fallen zu Boden. Auch sie graben sich in ihm oberflächlich an feuchtem Orte für die alsbaldige Verpuppung ein und ergeben in einem weiteren Monat die Imago.

Während wir die bisher betrachteten parasitierenden Zweiflügler unter die gefährlichen Feinde der höheren Tiere und unter die Schädlinge solcher Nutztiere zu zählen haben, rechnen die Angehörigen einer anderen gleichfalls im Larvenstadium schmarotzenden Gruppe, der Raupenfliegen (Tachinen), eher zu unseren Freunden, sofern sie uns nachdrücklich im Kampfe gegen Insektenschädlinge Beistand zu leisten vermögen. Bescheidener als jene vorigen, teils selbst nur winzig klein, teils aber auch erheblich größer als die Stubenfliege, wählen sie ihre Wirte aus der Gesellschaft der eigenen Tierklasse; insbesondere fallen ihnen, worauf schon ihr Name hinweist, Schmetterlingsraupen zum Opfer, aber auch Käfer und selbst Schnecken. Der Entwicklungsgang all der sehr zahlreichen Arten ist sonst der gleiche: Aus dem oder den an den Körper des Wirtes gelegten Eiern (bzw. auch wohl lebend geborenen Larven) entwickeln sich alsbald Larven, die sich, ohne bis zuletzt die für das Leben ihres Wirtes erforderlichen Organe zu verletzen, vorerst wesentlich vom Fettgewebe der Raupe nähren, das diese in ihrer unersättlichen Freßgier für die Verwandlung während der Puppenruhe als Nahrung aufzuspeichern gedachte. Statt des Schmetterlings verlassen dann zu dessen Flugzeit unscheinbare Fliegen die Falterpuppe, oft zur bitteren Enttäuschung des Schmetterlingszüchters, der seine Mühen bei der Aufzucht der Raupe ungelohnt sieht.

Zweifellos ziehen die einzelnen Arten die Kost gewisser Wirte vor; manche werden ihr Vorkommen auch an eine einzelne Wirtsart binden; andere aber erscheinen weniger wählerisch und richten sich dabei durchaus nicht nach den systematischen Verwandtschaften derer, die sie befallen. Solange die Raupenzüchter immer noch geneigt sind, die erhaltenen Raupenfliegen unmutig fortzuwerfen, anstatt sie mit allen näheren Angaben über ihre Herkunft versehen aufzubewahren, um sie der wissenschaftlichen Bearbeitung zugänglich zu erhalten,

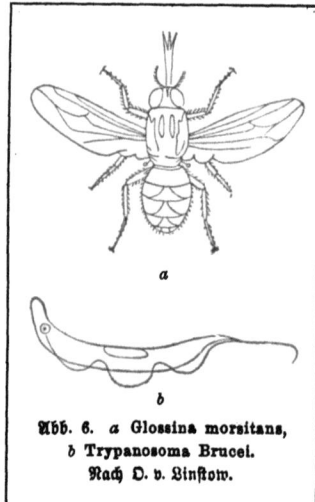

Abb. 6. *a* Glossina morsitans, *b* Trypanosoma Brucei.
Nach O. v. Linstow.

können wir unsere betreffenden Kenntnisse nur langsam fördern. Am besten kennen wir naturgemäß die Schmarotzerlarven jener Raupen, deren Überfällen bisweilen unsere Pflanzenkulturen rettungslos unterliegen; aber selbst diese in systematischer Beziehung noch sehr lückenhaft.

In manchen Fällen gehen die von Tachinen befallenen Wirte schon halbwüchsig ein; die Parasiten mindern also schon die Schrecken des Fraßes. Meist aber leben die Raupen bis zur Vollwüchsigkeit; bisweilen verpuppen sie sich sogar noch, um erst bann getötet ihre unheimlichen Gäste zu entlassen, die sich alsbald innerhalb ihrer Larvenhaut zur Tönnchenpuppe verwandeln; für ein einzelnes Tachinenweibchen (Echinomyia fera L.) sind 7000 Eier bzw Lärvchen anatomisch nachgewiesen.

Es würde der Überblick über die schmarotzenden Zweiflügler vielleicht des merkwürdigsten Vorkommens entbehren, wollte ich nicht kurz der tropischen Glossina-Arten gedenken, der berüchtigten Tsetsefliege (Gl. morsitans Westw.; Abb. 6a) und der nicht minder gefährlichen Gl. palpalis R. D., welche auch den Menschen nicht schont. Durch ihren Stich bei der Nahrungsaufnahme impfen sie ihren Opfern winzige Blutparasiten aus dem Tierkreise der Urtiere (Klasse: Geißeltierchen [Flagellaten]), erstere Trypanosoma Brucei Plimmer u. Bradford (Abb. 6b), ein, welche sich in den Speicheldrüsen der Fliegen angesammelt halten. Die Trypanosomen vermehren sich im Blute des Wirtes mit unerhörter Schnelligkeit und bewirken, vermutlich durch giftige Exkrete, schwere

Erkrankungen und oft den Tod. Während die Wildtiere sich nämlich von den Folgen des Stiches der Tsetsefliege erholen, gehen unsere sämtlichen Haustiere, vielleicht das Schwein ausgenommen, an ihm nach wenigen Wochen rettungslos zu Grunde. Den ganzen Rinderbestand weiter Steppengebiete auch des früher vaterländischen ost= und westafrikanischen Besitzes hat diese Fliege von der Größe etwa der ihr auch verwandten Stechfliege vernichtet, die ebenso lautlos wie pfeilgeschwind über ihre Opfer herfällt. Die Verwendung von Pferden wie Eseln und Kamelen als Hilfe für die Verbreitung menschlicher Kultur macht ihr Auf= treten unmöglich; sie greift gleichermaßen Schafe, Ziegen und Hunde an.

Und doch — entsetzlicher noch wird Gl. palpalis R. D., deren Stich die elendeste der Krankheiten bewirkt, welche wir ihrem Wesen ent= sprechend als Schlafkrankheit bezeichnen. Sie hat in wenigen Jahren hunderttausende Menschen hinweggerafft, ganze Gebiete ent= völkert und ist noch heute die furchtbarste Geißel, welche ihre Todes= fackel über unserem früheren Neukamerun schwingt. Was bedeuten diesen elementaren Gewalten gleichenden Feinden gegenüber die Schädigungen, welche die heimischen Kulturen durch die Insekten erfahren!

Die Entwicklung und Lebensgewohnheiten dieser Arten sind uns zureichend bekannt und zeigen z. B. gegen die folgende Gruppe nicht viel Besonderheiten. Wie bei dieser wächst aus dem Ei be= reits im mütterlichen Körper die Larve voll heran, so daß sie geboren keiner Nahrung mehr bedarf und sich alsbald in die Puppe verwandelt. Es ist daher nicht ganz zutreffend, sie als Puppengebärer (Pupiparen) zu benennen. Denn wenn die Flie= gen auch die vollkommenste Nährsubstanz, die sich denken läßt, Blut aufnehmen, vermögen sie so doch nur je einer Larve das Dasein zu geben, während es deren bei der Fleischfliege eine größere Zahl aber kaum dem Ei entschlüpfter sein konnte. Eine den Glos= sinen gleiche Entwicklung zeigen die Lausfliegen (Hippobos=

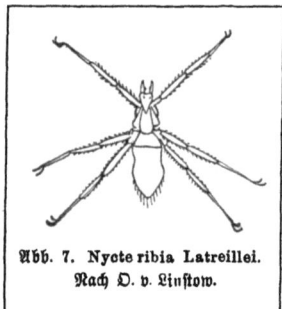

Abb. 7. Nycteribia Latreillei.
Nach O. v. Linstow.

ciben) und Fledermausläuse (Nycteribiden). Von ersteren sei die heimische Pferdelausfliege (Hippobosca equina L.) genannt, die — auch bei Rindern — an den weniger behaarten Körperstellen (unter dem Schwanz, an den Seiten und am Bauche) gefunden wird, mit Hartnäckigkeit an die einmal gewählte Stelle zurückkehrt und ihre Wirte arg belästigt. Zu den letzteren rechnet die höchst sonderbar gestaltete Nycteribia Latreillei Leach (Abb. 7), welche sich namentlich in den Achseln ihrer Wirte ansaugt.

Die sehr interessanten Schafläuse (Melophagus ovinus L.; etwa 5 mm lang, auf Schafen) und Bienenläuse (Braula coeca Nitzsch); etwa 1 mm lang, auf dem Hinterleib von Bienen, besonders der Königin und Drohnen) seien besonders genannt, wegen ihres bis zur Unkenntlichkeit der Dipterengestalt umgebildeten Aussehens.

Da wir den Mücken mit größter Sicherheit später auf einem sommerlichen Ausfluge begegnen werden, seien hier nur noch die Fächerflügler (Strepsipteren) genannt, jene Gruppe, die wir als die ausgeprägtesten Parasiten der Insekten überhaupt ansprechen müssen. Nur das Männchen dieser Xenos-Arten ist als Insekt kenntlich geblieben, das flügel- und beinlose Weibchen erscheint völlig larvenartig (Abb. 8). Der männlichen Imago, deren Vorderflügel — ähnlich den Hinterflügeln der Dipteren — eine vollkommene Rückbildung zu gunsten der fächerartig faltbaren hinteren erfahren haben, sind nur wenige Lebensstunden beschieden, die sie zum Aufsuchen eines Weibchens benutzt; die großen Augen lassen vermuten, daß sie hierbei größtenteils vom Gesichtssinne geleitet wird. Die normal gestalteten Beine mögen dem Männchen zum Festhalten am Wirtstiere, etwa einer Wespe bienen, an dem es ein Weibchen

In Haus und Hof zur Winterszeit

aufgespürt hat. Dieses verläßt nämlich auch erwachsen den Ort seiner Entwicklung: den Körper der Wespe, nicht, in dem auch das Männchen heranwuchs, um ihn erst kurz vor der Verpuppung zu verlassen, die es am Wirtstiere haftend vollzieht. Das Weibchen bleibt vielmehr in der eigenen Puppenhülle im Innern des Wirtes, aus dem es nur das Hinterleibsende dem Männchen entgegenstreckt. Die Eier entwickeln sich schon im Leibe der Mutter zu Larven, die gut ausgebildete Augen besitzen und drei Beinpaare tragen, deren Enden zu Haftscheiben geformt sind, mit denen sie sich außen am Körper der Wirtswespe festzuhalten vermögen, auf den sie alsbald übergehen. Sie gelangen so in den Nestbau und in ihm an eine Larve, in der und deren späterer Puppe sie unter alsbaldigem Verlust der Augen und Beine sich entwickeln. Ein anderer literarischer Nachweis legt dar, daß sich die Xenos-Larve direkt auf Wespenimagines übertrage, in die sie sich sehr bald zwischen zwei Hinterleibsringen einbohre. Die madenförmige Gestalt der erwachsenen Larve bleibt der weiblichen Imago erhalten.

So mannigfaltig aber auch die Formenwelt der parasitierenden Insekten erscheint, welche nunmehr in ihren wechselvollen Lebensgewohnheiten an unserem Auge vorübergezogen sind, der gemeinsame Charakter ihrer Ernährungsweise hat auch übereinstimmende Züge ihres Äußeren

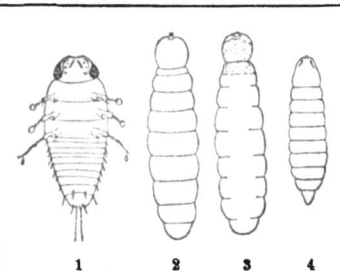

Abb. 8. Xenos rossii N.
1. Neu geborene Larve mit gut entwickelten Augen und drei Beinpaaren, die an ihren Enden Haftscheiben tragen, mit denen sich das Tier auf dem Körper einer Wespe festhalten kann. Es bohrt sich dann aber sehr bald zwischen zwei Hinterleibsringen seines Wirtes ein, um unter alsbaldigem Verlust von Augen und Extremitäten in dessen Abdomen heranzuwachsen. 2. Erwachsene weibliche Larve ohne Augen und ohne Extremitäten. 3. Geschlechtsreifes Weibchen (Imago), verbleibt in der Puppenhülle im Innern seines Wirtes, aus der nur das Hinterleibsende mit der Geschlechtsöffnung herausragt. 4. Erwachsene männliche Larve.
Nach Siebold.

zur Folge gehabt, um so ausgeprägtere, je entschiedener das Schmarotzerleben der Formen betont ist. Denn selbst innerhalb derselben Ordnung, also vergleichsweise naher Verwandtschaft, kommen ebensosehr freilebende und parasitierende Formen wie unter diesen solche verschiedenen Grades vor. So sucht von den regelmäßig parasitischen Flöhen jener des Menschen (Pulex irritans L.) seinen Wirt nur recht zeitweise auf; die Flöhe der Fledermäuse sind bereits viel andauernder auf ihrem Wirt zu finden, ständig die Flöhe der Huftiere, und der Sandfloh (Sarcopsylla), jener üble Geselle, der in wenigen Jahren von dem tropischen Amerika her das heiße Afrika westostwärts durchquert hat, bewirkt sogar eine entzündliche Hautwucherung, welche den mit Vorliebe zwischen den Zehen saugenden Parasiten förmlich überwallt, so daß er schließlich völlig in die Haut eingedrungen erscheint und herausgeschnitten werden muß.

Die schmarotzende Lebensweise äußert sich in der Rückbildung von Organen, welche dem freilebenden Tiere für die Lebenserhaltung notwendig waren, sich aber für das Dasein als Schmarotzer entbehrlich erwiesen, vielleicht auch als hinderlich. Der Aufbau jedes Organes bedingt die fortgesetzte Ernährung seitens des betr. Organismus, für die er als Entgelt die Mitarbeit des Organes an den Gesamtmühen seines Lebens verlangt; vermag ein Organ dieser Pflicht, die uns auch für die Gemeinschaft der Menschen eine selbstverständliche dünkt, nicht zu entsprechen, entzieht ihm der Organismus das für seine Bildung erforderliche Interesse, und das betr. Organ verkümmert, wird „rudimentär". Andererseits aber kann auch die veränderte, die schmarotzende Lebensweise das Bedürfnis nach neuen, gerade jetzt bienlichen Organen wecken. Unter die rudimentär werdenden Organe zählen besonders die Sinnes- und Bewegungsorgane, bisweilen auch die Organe der Nahrungsaufnahme. Als das trefflichste unserer Beispiele seien die Strepsipteren nochmals hervorgehoben, bei welchen den freilebenden Männchen die Aufgabe, ein Weibchen aufzusuchen und sich für die Begattung mit ihm am Wespenkörper festzuhalten, wie den neugeborenen Larven die Notwendigkeit, ein Wirtstier zu gewinnen, Augen und Beine erhalten hat, welche also offenkundig erst den im Innern schmarotzenden Larven und gleichermaßen dem Weibchen zusammen mit den früheren Organen der Nahrungsaufnahme verloren gegangen sind. Auch das Fehlen der Flügel bei Flöhen, Läusen und Bettwanzen gehört hierher.

Als **Fortbildungen** haben wir die Umformung der Organe der Nahrungsaufnahme in solche anzusprechen, welche **für die parasitische Lebensweise besser geeignet erscheinen**, weiter vor allem das Vorkommen von Haftorganen, welche dem Parasiten seinen Wohnsitz am Wirte sichern. Alle **blutsaugenden Insekten** haben eine Umwandlung der Mundwerkzeuge in einen Stechrüssel erfahren, so daß sie durch die Haut hindurch die Blutgefäße des Wirtes erreichen können. Den Flöhen ermöglicht die starke seitliche Abflachung ihres Körpers, die sich bei den Arten der Fledermäuse auch auf den Kopf erstreckt, eine minder gehemmte Bewegung zwischen den Haaren ihrer Wirtstiere, wofür eine auf kleinen Säugetieren Australiens schmarotzende Art in dem sichelförmigen, scharf gekielten Vorderende des Kopfes ein eigentümliches Organ besitzt. Als Haftorgane der Außenschmarotzer unter den Insekten dienen die zu kräftigen Haken umgestalteten Endglieder der Beine.

Sehr viel merkwürdiger, als eine oberflächliche Erwägung zeigen wird, erscheinen gewisse **Eigentümlichkeiten des Stoffwechsels bei den Innenschmarotzern**, den im Verdauungstraktus ihrer Wirte Aufenthalt nehmenden Parasiten; unter den genannten Insekten z. B. bei den Larven von Gastrus equi Fabr. Denn für den Darminhalt wenigstens der höheren Tiere hat man auch bei sorgfältigster Untersuchung nicht das Vorhandensein freien Sauerstoffes nachzuweisen vermocht, wie er unserem Atembedürfnisse und regelmäßig jenem der Tier- und Pflanzenwelt sonst dient. Unter den Pflanzen bilden hiervon besonders die sog. Hefepilze eine bekannte Ausnahme, welche bei Luftabschluß zuckerhaltigen Verbindungen den Sauerstoff zu entziehen vermögen. Diese zerfallen dabei in Kohlensäure und Alkohol, den wir also einer ganz außergewöhnlichen Fähigkeit winzigster pflanzlicher Organismen — ich darf kaum sagen — verdanken.

Ähnlich haben wir uns auch die Gewinnung des Sauerstoffs seitens der Innenschmarotzer zu denken, welche die zum Leben nötige Sauerstoffmenge durch Zerlegung sauerstoffreicherer Nährstoffe ihres Wirtes in sauerstoffärmere Verbindungen erhalten und so in ihrem Körper die gleichen chemischen Umsetzungen ermöglichen, welche den freilebenden Formen zu einer Kraftquelle für die Lebensäußerungen werden. Eine andere Eigentümlichkeit der den Verdauungskanal bewohnenden oder ihn auch nur durchwandernden Parasiten bildet deren Widerstandsfähigkeit gegen die Verdauungssekrete ihrer Wirte, die wir uns nur durch die Bildung je bestimmter die Verdauung abwehrender Stoffe seitens der Parasiten zu erklären wissen. Diese vom Schmarotzer gebildeten Stoffe üben bisweilen eine giftige Wirkung auf den Wirt aus, deren Einfluß wiederum von diesem durch Gegengifte ausgeglichen werden kann.

Wir haben die Muße des Winters und die Gelegenheit des Vorkommens gerade in Haus und Hof benutzt, um uns einen Überblick über die Eigentümlichkeiten des Schmarotzerlebens zu sichern, wie wir ihn unter den vielgestaltigen Eindrücken der späteren Ausflüge in die sonnige Natur kaum zu gewinnen vermöchten. Und gerade die Parasiten dürfen das größte Interesse erwarten, nicht nur als unsere eigenen oft gefährlichen Quälgeister wie jene der Nutztiere, sondern auch, weil sie mit größerer Sicherheit denn sonst den Werdegang jener Merkmale im Unterschiede gegen die ihrer freilebend gebliebenen Verwandten zu verfolgen erlauben; in ausgeprägter Anpassung an den Grad ihres Schmarotzerlebens und so von größtem Nutzen für die Erhaltung der Art. Doch wollen wir unsere Aufmerksamkeit von diesen Formen nicht so gänzlich gefangen nehmen lassen, um die mannigfaltigen anderen Kerfarten völlig zu übersehen, welche sich mit Vorliebe häuslich bei uns einrichten.

Es herrscht die tiefe Stille der Mitternachtsstunde; den Schlaftrunkenen hat ein Traumbild geweckt; da tönt es leise, doch ganz klar, ein Klopfen: Tack, tack, tack, geheimnisvoll wie die Stunde. Wer klopft da? Auch die angezündete Kerze beleuchtet uns in dem Schublade des alten Schrankes, aus welchem das Klopfen herzukommen scheint, kein Lebewesen, das jenes eigenartige Klopfen hätte ausführen können. So müssen es Geisterstimmen gewesen sein, denn eben, da der Lauscher noch prüfend, beklommen neben dem Schranke steht, ertönt das Klopfen von neuem: Geisterstimmen, so schließt angsterfüllt der Aberglaube und ahnt, wie in der Regel, nichts Gutes, Tod und Verderben. Der in der Natur nicht feindliche Gewalten argwöhnende, sich ihr als der Mutter so vieles Schönen verbunden fühlende Forscher dagegen geht unbefangen des Rätsels Lösung nach. Was findet er schließlich? Ein kleines Käferchen (Anobium pertinax L.) von $1/2$ cm Körperlänge, das sich in einem der unregelmäßig verlaufenden Gänge aufhält, die wir bereits zu unserer Betrübnis in dem Rückenholze jenes alten Schrankes bemerkt hatten. Bei einiger Geduld könnten wir dann auch feststellen, wie jenes Klopfen entsteht.

Der Käfer schlägt mit dem Vorderrande seines Halsschildes und der Stirn gegen das Holz, während er Vorderbeine und Fühler anzieht und auf den Beinen des mittleren Paares ruhend seinen Körper regelmäßig und dabei rasch, oft auch mit größeren oder kleineren Pausen, auf und ab schnellt. Diese „Totenuhr", deren Ticken einen Sterbefall verkünden sollte, vermag viele Generationen hindurch jahrelang dasselbe Möbelstück, dasselbe Stück trockenen Holzes einer Wandbekleidung, von Gesimsen, Fensterbänken u. a. zu bewohnen und mit Hilfe seiner von demselben Stoffe zehrenden Larven nach und nach derart zu zernagen, daß es endlich vollständig zermulmt und zerfällt. Häufchen weißlichen Mehles aus fein zerschrotetem Holze, das sich erneuert, so oft wir es auch entfernen, zeigt die Anwesenheit dieser ungebetenen Gäste bestimmt an. Jenes Klopfen dient den Tierchen zur Verständigung; es ruft einen Genossen, der nicht selten gleichstimmig antwortet, wie wir es klangvoller von dem Locken der Vögel kennen. Wenn wir den Ruf geschickt nachahmen, z. B. durch kurzes leichtes Anschlagen des Fingernagels gegen eine Holzplatte, tönt uns der Gegengruß aus dem Schranke wieder.

Der Käfer trägt auch den Namen „Trotzkopf". Gelingt es uns nämlich einmal, den Käfer aufzufinden, so stellt er sich in der Hand sofort tot. Kopf, Fühler, Gliedmaßen hart an den Körper gezogen, etwas Leblosem völlig gleichend, liegt er starr, wir mögen mit ihm beginnen, was wir wollen. Und würden wir ihn verletzen, rösten, ersäufen: er soll diesen totbedeutenden Widerwärtigkeiten gegenüber völlig ruhig bleiben. „Er stellt sich tot", sagt man von diesem Zustande; als ob der Käfer die Absicht der Täuschung mit ihm verbände. Noch die vorletzte Auflage des inzwischen neu erscheinenden Brehmschen Tierlebens war gespickt voll von derartigen Ausdrücken und Vorstellungen, welche den Inhalt des menschlichen Seelenlebens ohne jede Prüfung einschränkungslos auf die Tierwelt übertragen. Als ob der Käfer sich als leblos ausgäbe, um derart Nachstellungen zu entgehen.

Die wissenschaftliche Untersuchung dieser auch sonst unter den Insekten weit verbreiteten Erscheinung hat eine ganz andere Auffassung gezeitigt. Es sind solche Versuche mit besonderem Erfolge an einer indischen Stabheuschrecke (Carausius morosus Br. v. W.) angestellt worden. Diese Stabheuschrecke wurde übrigens schon vor Jahren im Eizustande nach Deutschland eingeführt und wird hier seitdem von Liebhabern dieser absonderlich gestalteten Tiere ohne Schwierigkeit weiter gezogen, z. B. mit der beliebten Zimmerpflanze Tradescantia als Nahrung. Die Vermehrung geschieht dabei ausschließlich ungeschlechtlich durch Weibchenformen (parthenogenetisch); Männchen sind nur äußerst selten beobachtet

Das lebhaft grüne Blut dieser Art zeigt bei der Farbzerstreuung (spektralanalytische Untersuchung) ein jenem pflanzlicher Chlorophyllösungen sehr ähnliches Bild; auch das Aussehen der Tiere ist blattgrünähnlich, und Lösungen ihrer Körperwand besitzen chlorophyllähnliche Eigenschaften der Farbzerstreuung. Daraus zu folgern, daß die von den Stabheuschrecken mit den Blättern gefressenen Chlorophyllkörner (d. h. protoplasmatische Körper der Zelle, an welche der betreffende grüne Farbstoff gebunden erscheint) vom Darm aus unverändert in das Blutgefäßsystem gelangen und von ihm in die Körperdecke abgelagert werden, wäre doch ein verfrühter Schluß.

Das Merkwürdigste aber an diesen Tieren bildet der Umstand, daß sie neun Zehntel ihres Lebens in einer Art Muskelstarre (Katalepsie) zubringen. Als solche Starrsucht kennen wir auch beim Menschen einen eigentümlichen Zustand der Muskeln, bei dem die Glieder in jeder ihnen gegebenen Stellung unwillkürlich festgehalten werden. Dieser als Begleiterscheinung verschiedener Krankheiten auftretende Zustand äußert sich unter Bewußtseinsstörungen durch eine Aufhebung des Ermüdungsgefühles der Muskeln, so daß ein derart Kranker z. B. den Arm stundenlang in jeder beliebigen, auch schräg aufgerichteten Stellung unverändert zu halten vermag, während er sonst trotz alles aufgewendeten Willens und durch ihn bewirkter Muskelanspannung sehr schnell ermüdet. Ähnliche Veränderungen zeitigt auch die Hypnose. Solche Muskelstarrheit wurde schon bei vielen, auch höheren Tieren beobachtet.

Diese Stabheuschrecken nun pflegen bei Tage — in freier Natur im Pflanzengewirr näher dem Boden, unter den ungewohnten Verhältnissen des Zuchtbehälters irgendwo an der Nährpflanze oder den Wänden — regungslos auf den abgespreizten hinteren Beinpaaren zu ruhen, während das vorderste neben den gleichermaßen gestreckten Fühlern (Antennen) die ohnedem stabförmige Körperform verlängert. Kurz nach Einbruch der Nacht erst, wie ich an ostafrikanischen Arten beobachten konnte, schreiten sie auf die Blätter, ihre Nahrung, um nach wenigen Stunden Fressens (nach Raupenart) wieder in ihre Verstecke zurückzukehren und von neuem zu schlafen. Diese völlige Unbeweglichkeit aber unterscheidet sich bei näherer Betrachtung von der gewöhnlichen Ruheart; sie zählt zu den Erscheinungen der Muskelstarrheit.

Wenn man nämlich mit Hilfe einer Pinzette vorsichtig z. B. eines der hinteren Beine hebt, streckt, behält es diese Lage; wie auch der Kopf, die Antennen, das vorderste Beinpaar, der Vorderkörper überhaupt in jeder Lage beharren, in die es uns beliebt, sie zu bringen. Legt man ein derart ruhendes Tier auf den Rücken, so ändert es die Haltung seiner Körperanhänge um nichts; die vorher zur vollkommeneren Stütze weit abgespreizten Beine ragen in gleicher Lage empor. Legt man sie dem Körper an, wie es der „Trotzkopf" zu tun pflegt, verliert die Stabheuschrecke gleich ihm jede Ähnlichkeit mit einer Tiergestalt (Abb. 9a). In diesem Zustande der Muskelstarre lassen sich diesen Stabheuschrecken die wunderlichsten Haltungen aufzwingen, man kann sie z. B. auf den Kopf stellen, und sie bleiben stundenlang in dieser gewiß unbequemen Stellung.

Die starke Spannung der gesamten Muskulatur des Tieres währenddessen kennzeichnet auch der folgende Versuch, welcher dem gerne von Hypnotiseuren am Menschen vorgeführten entspricht. Legt man das ausgestreckte Insekt (Abb. 9b) so zwischen zwei Platten bzw. Bücher, daß es sich einerseits auf die Spitzen der Antennen und Vorderfüße, andererseits auf das Ende des Hinterleibes stützt, so kann es in dieser Lage sehr lange verweilen; ja man kann es noch z. B. mit einigen Papierstreifen beschweren, unter deren Last es förmlich einbiegt, ohne es aus der Muskelstarre zu wecken. Auch die weiteren Merkmale dieses Zustandes: das Fehlen jeder Ermüdung nach stundenlangem Ausharren in den „schwierigsten" Stellungen wie eine außerordentliche Fühllosigkeit lassen sich für die Stabheuschrecke nachweisen; man soll

In Haus und Hof zur Winterszeit

sie dann stückweise zerschneiden können, und nicht einmal eines der Beine würde zucken. Eine dauernde Reizung des Nervensystems jedoch, so ein etwas stärkeres Zupfen mit der Pinzette am Hinterleibsende, „weckt" das Tier; auch höhere Temperaturen (37,5°C) und elektrische Reize lösen oftmals lebhaftere Bewegungen aus.

Wenn es nun auch bisher noch nicht gelungen ist, das Tier künstlich und absichtlich in diesen Zustand der Muskelstarre zu versetzen, können wir doch gerade in Rücksicht auf unsere Beobachtungen am „Trotzkopf", der sich, in die Hand genommen, stets „tot stellen" wird, die Möglichkeit nicht ausschließen, daß eben=

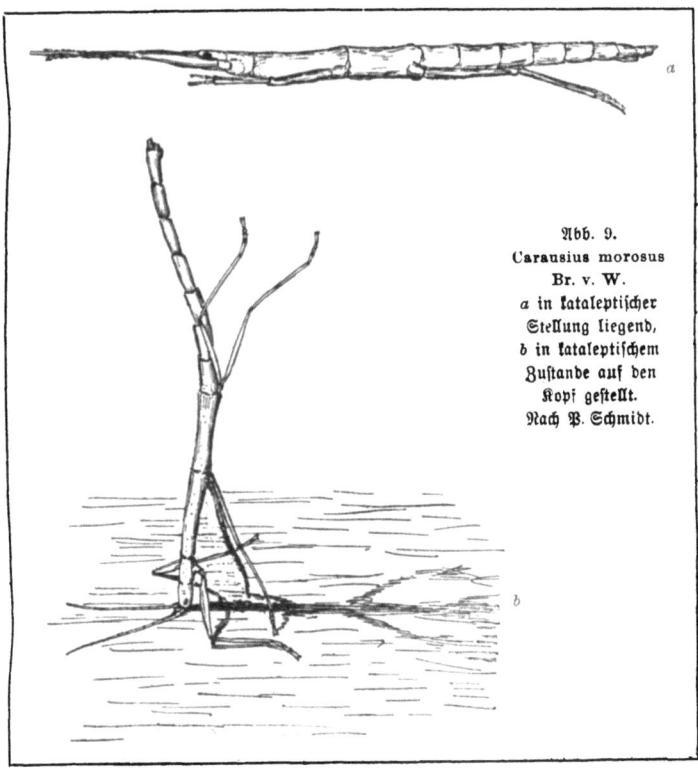

Abb. 9.
Carausius morosus
Br. v. W.
a in kataleptischer Stellung liegend,
b in kataleptischem Zustande auf den Kopf gestellt.
Nach P. Schmidt.

falls bei der Stabheuschrecke äußere Umstände die Muskelstarre herbeizuführen vermögen. Wie es aber auch beim Menschen eine Selbsthypnose gibt, so ist es an sich nicht unmöglich, daß innere, d. h. allein im Organismus begründete Ursachen eine derartige Muskelstarre bedingen, innere Ursachen, die nicht das geringste mit einer Absicht, sich tot zu stellen, mit einer betreffenden Willensbetätigung gemein haben. Freilich, wenn man einen großen Teil der volkstümlichen naturwissenschaftlichen Literatur selbst noch von heute durchblättern wollte, sollte man annehmen, die Tierwelt steckte voller menschlicher Gedanken. Diese Auffassung entbehrt der wissenschaftlichen Grundlage.

Wie eine ekle Krankheit schleppen sich solche Darstellungen insbesondere über das „Allerlei" der Tageszeitungen unausrottbar hin, denen jedenfalls auf zoologischem Gebiete das elendeste Jägerlatein gut genug für ihre Leser zu sein scheint. Ein Beispiel für zahllose. Mir liegt ein „Beiblatt" vor, das gelegentlich eines Absatzes über „Insektenmenagerien" von einem „Kampfe zwischen einer Hummel und einem Brummer" wörtlich folgendes zu berichten weiß: Der gewalttätige Vertreter der Familie Bombus packte im Fluge die arme Schmeißfliege, um sie in Gemütsruhe aufzufressen; doch diese wehrte sich tapfer.... Schließlich umklammerte die Hummel den Feind in der blauschillernden Rüstung mit den Beinen und tötete ihn durch Bisse in den Kopf. Jetzt versuchte die Hummel davonzufliegen; doch der Luftwiderstand gegen die ausgebreiteten Flügel der Fliege war zu groß, die Siegerin sank nieder. Einen Augenblick saß sie still und blickte wie überlegend auf ihr Opfer. Dann ging sie plötzlich daran, jenem die Flügel loszulösen, und war nun imstande, die Beute im Fluge davonzutragen....

Demgegenüber: jeder Quartaner wird belehrt, daß die Hummeln gleich den Bienen eine röhrenförmige Zunge (Unterlippe) besitzen, welche bei der Aufnahme des Blütenhonigs weit vorgestreckt und von den Unterkiefern, den unten hohlen Lippen=

tastern und Nebenzungen scheibenartig umschlossen, während des Nichtgebrauches aber umgeknickt und nebst ihrer Scheide unter den Körper angelegt wird. Eine Hummel trägt keine Fliege als „Beute" ein; sie vermag sie gar nicht „aufzufressen". Es ist kaum glaublich, aber solche Berichte wie der obige können nicht einmal auf mangelhafter Beobachtung beruhen, sie müssen glatt erfunden, zur Auffüllung des Zeitungsinhaltes erlogen sein, wie so oft auch jene mit dem üblen Stichworte: Denkende Tiere.

Im Verfolge des Klopfens der „Totenuhr" sind wir nun aber doch einmal so wach geworden, daß wir uns nicht scheuen, einen Gang in die Küche anzuschließen. Denn auch von dorther ertönt wieder, wie schon so oft zu nächtlicher Stunde, ein eigentümliches Schrillen, der Ruf des „Heimchens", der „Hausgrille" (Gryllus domesticus L.). So sicher wir es an seinem Schrillen (Stribulieren) erkennen, es selbst weiß sich doch recht unsichtbar zu halten. Und wenn wir es auch in der Küche nahebei laut schrillen hören, fällt es doch meist recht schwer zu entscheiden, in welcher Ecke genau denn eigentlich der Sänger sich befindet. Der „Sänger"! Wie verschiedenartig doch der Mensch den Dingen, den anderen Geschöpfen und ihren Lebensäußerungen gegenübertritt, hier von abergläubischer Schätzung bis zu haßerfüllter Abneigung. Während es in Dickens „Das Heimchen am Herd" als ein würdiger Genosse nachdenklicher Einsamkeit, sein Gesang als weich, gemütvoll geschildert wird, erscheint sein Schrillen dem nervenabspannenden Hasten besonders des Großstädters vielmehr als ein unerträglicher Lärm und die Hausgrille dadurch schlimmer als das ganze Heer der unnützen, aber schweigsamen Schaben.

Wir möchten die Einrichtung kennen lernen, mit welcher das Tier jene Lautäußerung hervorbringt. Aber kaum haben wir bei dem matten Kerzenlicht die Küche betreten, als die mehr oder minder blaßbraun gefärbten Gesellen, die wir noch eben zuvor auf dem Küchentisch, am Boden, über den Herd wandern, an einem Brotreste hocken sahen, auch schon rasenden Laufes verschwunden sind. Wohin? Sie ließen uns kaum Zeit, es zu erkennen: unter den Herd, den Schrank, in Ecken und Ritzen; dorthin, wo kein Lichtstrahl sie zu treffen vermag. Leuchten wir unter den Herd, um eines der Heimchen zu erfassen; husch, fort ist es. Wir ersinnen, dieses ungleichen Kampfes müde, eine Kriegslist. In einen innen glattwandigen tieferen Topf tun wir Tischreste; ist der Topf außen nicht rauh, hängen wir Tuchstreifen an oder stellen eine Holzplatte schräg bis zu seinem Rande, um die Grillen zu jenen Leckereien an den Topfrand zu führen, von dem sie nach innen hineingleiten. Sie können an den glatten Wänden nicht empor; wenn auch in beiden Geschlechtern geflügelt, benutzen sie doch ihre Flügel nicht, um zu entkommen. Sie sind gefangen, und wir können nächsten Tages in Muße unsere Untersuchungen an ihnen anstellen.

Alle Schrill- und Zirpapparate der Insekten sind nach dem gleichen Grundplane gebaut. Um einen Sang, eine Art Stimmäußerung kann es sich bei ihnen überhaupt nicht handeln, da die Mundöffnung nie mit den Atemorganen in Verbindung steht, welche durch ein Röhren- (Tracheen-) System mit einer wechselnden Zahl seitlicher Öffnungen dargestellt werden.

Die Schrillapparate erscheinen vielmehr regelmäßig als besondere Zurichtungen der Chitindecke des Körpers oder der Flügeldecken, welche das Tier gegeneinander zu reiben vermag. Streichen wir über ein Stück gerippten Papieres oder über einen Kamm mit kurzen Zähnen mit einem scharfkantigen, wenn auch biegsam schleifenden Gegenstande hinweg, so hören wir einen Ton, der in physikalischer Beziehung völlig dem Schrillen der Grille gleichzustellen ist. Der betreffende physikalische Versuch schließt an die Savartsche Sirene an: ein Zahnrad wird in schnelle Umdrehung versetzt, wobei wir ein federndes Blättchen (aus Papier, Metall u. a.) leicht gegen seinen Rand gleiten lassen. Durch die schnell aufeinanderfolgenden, regelmäßigen Stöße wird die Luft in eine gleiche Zahl regelmäßiger Schwingungen versetzt, welche wir als Ton wahrnehmen. Die Tonhöhe ist von der Zahl der

Zähne an der betreffenden Scheibe, zugleich von der Zahl ihrer Umdrehungen, auf die Sekunde bezogen, abhängig. Aus dem Produkt dieser leicht zu gewinnenden Werte ergibt sich die Schwingungszahl des gehörten Tones.

Bei aller Verschiedenheit der Schrill= oder Zirporgane der Insekten im einzelnen, wie sie sich an fast allen Körperteilen: dem Brust= und Hinterleibsabschnitt, den Flügeln, den Beinen ausgebildet finden, stets ist eine Schrilladern, Schrilleiste oder Schrillplatte vorhanden; d. h. ein mehr oder minder großes, flächen= oder leistenförmiges Stück der chitinigen Oberfläche mit regelmäßig angeordneten Spitzen, abgerundeten Erhabenheiten, breiteren oder schmäleren Blättchen oder Leistchen. Diese dem Zahnrade Savarts vergleichbare Bildung erfährt dann stets ihre Ergänzung in einer Schrillkante, d. h. einer oben meist messerscharfen, geraden Chitinleiste, welche so gelegen ist, daß sie über die Erhöhungen der Ader oder Platte hinweg bewegt werden kann. Außer diesen beiden Hauptteilen eines solchen Schrillapparates, der Raspel und der Schrillkante, kommen nun bei hoher Ausbildung noch weitere besondere Eigentümlichkeiten vor; so bei der Grille.

Auf Grund unserer Kenntnis der Anlage dieser Organe im allgemeinen wird es nunmehr leichter werden, die besondere Ausbildung derselben bei der Grille zu bestimmen. Nur die Männchen schrillen; die betreffenden Merkmale müssen also ihnen allein zukommen. Auch ohne daß wir bereits gesehen hätten, wie sie bei dem Zirpen den Vorderkörper leicht neigen, die Vorderflügel ein wenig heben und alsdann äußerst schnell gegen= und übereinander bewegen, wird einer aufmerksamen Lupenbetrachtung die große Verschiedenheit in der Gestaltung dieser Vorderflügel beim Männchen bzw. Weibchen nicht leicht entgehen (Abb. 10). Diese Flügel sind überhaupt erheblich breiter, als es scheinen könnte; denn nur zwei Drittel liegen, einander in der Ruhe größtenteils deckend, flach über dem Rücken, ihr letztes Drittel biegt rechtwinklig zur Körperseite ab. Während aber jene des Weib=

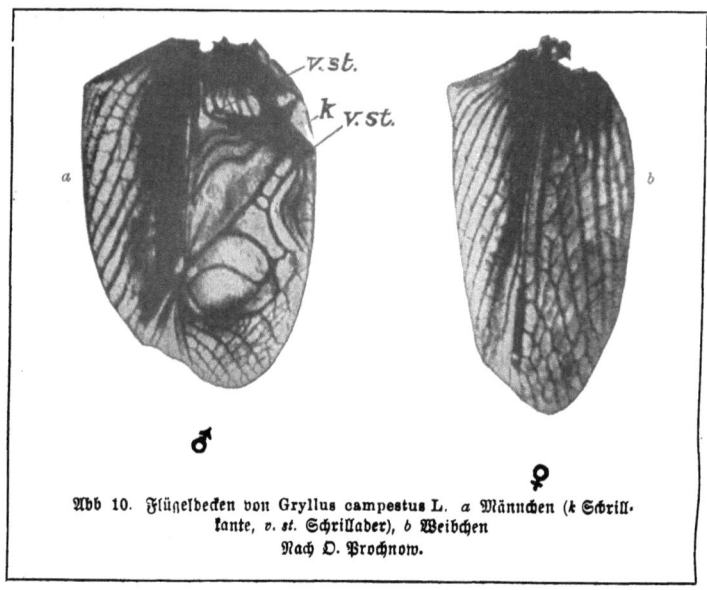

Abb 10. Flügeldecken von Gryllus campestus L. *a* Männchen (*k* Schrillkante, *v. st.* Schrilladern), *b* Weibchen
Nach O. Prochnow.

chens sehr regelmäßige Längs= und Queraderung zeigen, sind die des Männchens höchst eigenartig. Das seitliche Drittel, gewisser= maßen die Seiten des Resonanzkastens, stimmt allerdings wesent= lich mit der weiblichen Ausbildung überein, das übrige Stück aber zeigt große Abweichungen in der Lage und Ausbildung der Adern.

Die Queradern (quer zur Längsrichtung des Flügels), die sonst nur geringe Beanspruchung erfahren und daher viel dünner sind als die Längsadern, haben bei den männlichen Grillen die Auf= gabe übernommen, dem Druck standzuhalten, der bei dem heftigen Schrillen den Flügel in sich selbst zusammenzuschieben, aufzurollen droht. Sie sind daher zusammen mit den teils ebenfalls anders gestellten Längsadern näherungsweise in die Richtung des stärk= sten Druckes eingestellt. Näherungsweise dies nur; denn die Flügel müssen überdies eine Erhöhung der Schallwirkung zulassen. Da= her finden sich die starken Adern zugleich über jene Stellen ver=

teilt, welche den nicht schwingenden Teilen tönender Platten ent= sprechen, an denen sich bei dem Versuche zu den Chladnischen Klangfiguren der aufgestreute Sand etwa lagern würde. Druck= festigkeit und Schwingungsfähigkeit haben hier also offen= bar gemeinsam die merkwürdige Gestaltung der männlichen Deck= flügel bedingt. Einige sehr zarte Stellen derselben werden wir als die eigentlichen Schallverstärker anzusehen haben.

Eine derartige Raspel und Schrillkante sind auf jedem Vorder= flügel vorhanden, die Raspel auf der nach unten gewendeten Seite der Schrilladen (Abb. 11); doch wird während des Zirpens in der Regel nur die rechtsseitige Schrilladen mit der linksseitigen Schrill= kante benutzt. Bei etwa 150facher Vergrößerung erscheint die Raspel als eine Folge von etwa 135 Leistchen mit je einem Schrillzähn= chen seitlich, in gegenseitigem Abstande von 0,04 mm. Mit Hilfe physikalischer Meßmethoden ist es möglich, die Zahl der Flügel= bewegungen bei der Tonerzeugung auf 16 für die Sekunde zu ermitteln. Es werden aber beide Flügel gegeneinander be= wegt; die Geschwindigkeit muß daher doppelt so groß gewertet werden. Aus dem Produkt dieser Zahlen ergibt sich annähernd dieselbe Schwingungs=

zahl, welche durch Ver= gleich des Grillentones mit dem gleich hohen einer Galtonpfeife ge= wonnen wird: mehr als 4100 Schwingungen in der Sekunde.

Über die Bedeu= tung des Schrillens als Anlockungsmit= tel für das Weibchen kann nicht wohl Zweifel sein. Allerdings, die

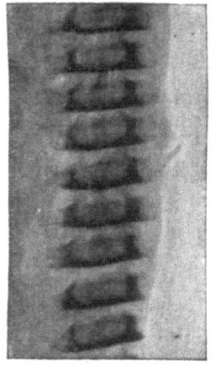
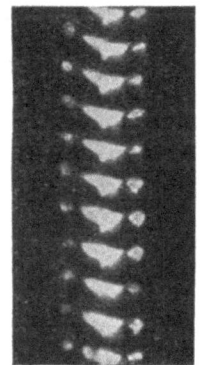

a   *b*
Abb. 11. Einige Erhöhungen der Schrilladen der männ= lichen Grille.
Nach O. Prochnow.

Beantwortung der Frage nach dem Zwecke der Lautäußerung ist nicht oft mit solcher Sicherheit zu geben. Überhaupt wird vielerseits, nicht zuletzt in manchen Schulbüchern, ein starker Unfug mit der Zweckfrage getrieben; so, wollte man jeden Ton, jedes Geräusch mit dem Maße der Zweckmäßigkeit werten. Diese Erscheinungen werden in manchen Fällen als rein mechanische Begleitwirkung von Bewegungen namentlich der Flügeldecken und der Flügel anzusprechen sein. Gewiß können Töne derart zwecklos entstehen, wie die als „Summen" oder „Brummen" bezeichneten Flugtöne, welche auch heute noch biologisch gänzlich wertlos sein dürften.

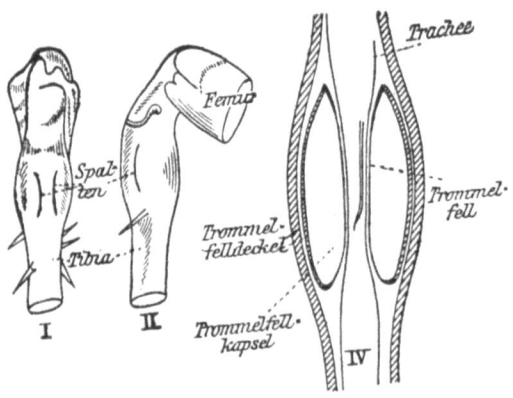

Abb. 12. Hör-(Tympanal-)Organ der Locustiben. I Außenansicht, II Seitenansicht der Tibia, IV transversaler Längsschnitt durch die Tibia. Nach Schwabe.

Es scheint ganz selbstverständlich, daß Tiere mit Lautäußerungen zu hören vermögen. Und man hat auch unter allen Wirbellosen gerade für die Insekten in einigen Fällen Organe nachgewiesen, die man als dem Hörvermögen dienend deutet. Aber eben nur bei einzelnen Formen; denn im Gegenteil, bei den meisten Insekten, auch solchen mit Lautäußerungen, hat man bisher vergeblich nach solchen gesucht. Doch ist es nicht unwahrscheinlich, daß die Insekten, wie wir selbst, Töne auch auf andere Weise wahrzunehmen vermögen. Ist ein Ton nämlich intensiv genug, so kann er sich auch durch den Tastsinn bemerkbar machen.

Bei dem Heimchen bedarf es jedoch dieser Erwägung nicht; wir kennen nämlich bei ihm an der Tibia (Unterschenkel) der Vor-

In Haus und Hof zur Winterszeit

derbeine dicht unter dem Kniegelenk eine Stelle (Abb. 12), die als Hörorgan gilt. Es befinden sich dort zwei schmale Spalten, deren jede in einen linsenartig gestalteten Hohlraum führt, dessen innere Wand als Trommelfell wirken und Schallreize auf die Sinneszellen übertragen wird. Doch würde man fehlgehen, wollte man das Zirpen nur als Lockruf betrachten. Warum sollten die männlichen Heimchen sonst inmitten zahlreicher Weibchen stundenlang schrillen. Auch sollen jene gelegentlich dann zirpen, wenn man sie ergreift. Es scheint hiernach, daß in der Lautäußerung allgemein eine starke Erregung zum Ausdruck kommt. Anders läßt sich auch der Lärm nicht verstehen, den die Zikaden besonders in den Tropen vollführen. Er kann einem zunächst zur Qual werden, bis man sich an ihn so sehr gewöhnt hat, daß man auf ihn nur aufmerksam wird, wenn die ganze Gesellschaft sich einmal für einen Augenblick ausschweigt. Ich habe mich gelegentlich, abends im Feldbett, damit unterhalten, dem Zirpen ganz bestimmter Individuen von Grillen zu folgen. Das ist nicht schwer. Jeder, der die Möglichkeit hatte, dem Sange von Kanarienvögeln öfter zuzuhören, vermag unschwer nach dem Gehör zu urteilen, welches der Tiere gerade singt. So lassen sich auch bei Insekten **individuelle Eigentümlichkeiten** nach Intensität und Länge des Tones bzw. der Tonfolge, innerhalb gewisser Grenzen selbst der Höhe beobachten, wobei die verschiedene Örtlichkeit, von welcher der Ton ausgeht, die Unterscheidung erleichtern mag. In einem Falle konnte ich das Schrillen desselben Tieres während mehr als drei Stunden feststellen.

Daß das Weibchen aber **unter Umständen dem zirpenden Männchen zuläuft,** haben neuerliche Versuche ergeben. Der Boden eines Zimmers wird durch aufgelegte Grassoden zu einem „Felde" hergerichtet, auf ihm eine 4 qm große Fläche durch vertikal gestellte Glasplatten abgegrenzt; in deren Mitte sind zwei zylindrische Glasgefäße 1 dcm voneinander entfernt aufgestellt, eines mit mattschwarzem Papier dicht umwickelt, das andere ohne Umhüllung. In dem verhüllten Glase befindet sich ein stark und lebhaft zirpendes Männchen, in dem unverhüllten ein stilles. Ein hineingesetztes Weibchen legte zunächst in kurzen, dann in längeren Abschnitten den Weg zu den beiden Gläsern zurück, ging dabei an dem unverhüllten Glase, in dem es das stille Männchen wohl sehen konnte, achtlos vorüber und kam zum verhüllten Glase, in dem das andere Männchen zirpte. Diesen Behälter umkreiste es gegen 20 Male; es folgte ihm auch in kurzen Absätzen, als er 2—3 dcm fortgetragen wurde, während das Männchen weiter zirpte. Als das Männchen einmal plötzlich zu zirpen aufhörte, blieb auch das Weibchen sofort stehen, verlor die Richtung zu jenem und verirrte sich nahe zur Wand, bis erneutes Zirpen des Männchens es wieder lenkte. Es gelang übrigens auch, das Weibchen durch Benutzung einer auf den Grillenton gestimmten Galtonpfeife zu täuschen.

In unserem Fangtopfe fanden sich Individuen sehr verschiedener Größe, die einander in der Gestalt glichen, unter denen sich nur die erwachsenen durch den Besitz der Flügel auszeichneten. Die kleineren gehen durch eine Anzahl von Häutungen ohne einen Ruhezustand in das erwachsene Tier, die Imago, über: unvollkommene Verwandlung. Während das Heimchen aber seine zahlreichen Eier einzeln ablegt, sind jene der Schabe (Periplaneta orientalis L.), mit der sie die Lebensgewohnheiten teilt, stets zu gewöhnlich je acht in zwei Reihen auf eine Kapsel verpackt.

Schon die Vorliebe dieser Plage für Räume mit gleichmäßig höherer Temperatur weist sie als Eindringliche aus tropischen Erdteilen, dem tropischen Asien, hin, von wo sie mit dem Schiffsverkehr zunächst nach Holland und England eingeschleppt worden sind; wahrscheinlich vor nicht mehr als 400 Jahren. Die ersten näheren Angaben der zoologischen Literatur über sie reichen jedoch nur bis an die Mitte des 17. Jahrhunderts zurück. Von den Hafenstädten aus ist dieser ungebetene Geselle dann unaufhörlich, unaufhaltsam landeinwärts gewandert und scheint das Heimchen, welches sich wenigstens während des Sommers auch außerhalb menschlicher Häuslichkeit im Freien aufzuhalten vermag, zu verdrängen.

Bemerkenswert erscheint die **Langsamkeit**, mit der sich die **Schabe entwickelt**. Man hat sieben Häutungen beobachtet, bevor sie erwachsen ist, deren drei erste nicht vor Ablauf des ersten Jahres vollendet sind, deren spätere etwa jährlich geschehen, so daß die Art gegen fünf Jahre für ihre Entwicklung benötigen würde. Wie lange hiernach das Leben der Imago zu währen vermag, bleibt unentschieden. Man sieht diese Tiere, kaum daß sie das Ei verlassen haben, nur unstet rennen; dieser Eigentümlichkeit verdanken sie ihre Bezeichnung der Cursoria unter den Geradflüglern; im Gegensatz zu den die Saltatoria bildenden Heuschrecken und Verwandten. Über die Geschicklichkeit, mit welcher die Schabe unseren Nachstellungen zu entgehen weiß, ist mancher schwankartige Bericht in Umlauf. Man hat sie aber auch zum Gegenstande sorgfältiger Untersuchungen betreffs ihres Lernvermögens gemacht.

Es hat sich hierbei bartun lassen, daß die Küchenschabe **sehr wohl durch Erfahrung zur Änderung der ihr angeborenen Lebensgewohnheiten befähigt ist**. Wie wir es an den Heimchen sahen, flieht auch sie das Licht. Bei einer eigenartigen Versuchsanordnung aber lernten die Schaben ihr Verhalten derart ändern, daß sie das Dunkel mieden, das Licht aufsuchten. Sie wurden in den hellbelichteten Teil eines Gefäßes gesetzt, dessen anderer Teil durch schwarzes Papier verdunkelt war. Alsbald suchten sie diesen zu erreichen. Waren sie aber bis an den abgedunkelten Raum gelangt, erhielten sie einen elektrischen Schlag, der sie schleunigst zurückfliehen ließ. Der altgewohnte Trieb aber, das Dunkel aufzusuchen, führte das Tier dennoch wieder an das Dunkel, der elektrische Schlag erneuerte sich; usf. Bis schließlich, individuell verschieden in bezug auf die Zahl der erfahrenen Schläge, ein Zeitpunkt eintrat, in dem die Schabe, sobald sie bei ihrem Umherirren im Gefäße im belichteten Teile gegen den dunkeln lief und die Grenzlinie beider erreichte, plötzlich stehen blieb, um alsbald in den belichteten Raum zurückzukehren. Als fest aufgenommene Erfahrung wurde übrigens das Verhalten der Schabe erst dann betrachtet, wenn sie zehnmal nacheinander jene Grenzlinie zwischen dem hellen und dunklen Teile des Gefäßes erreichte, ohne einen elektrischen Schlag zu bekommen, wenn sie dort also zehnmal aus eigenem umkehrte. Es zeigten sich alle zehn für den Versuch benutzten Schaben fähig, auf Grund dieser Erfahrung zu lernen. Doch behielten die Tiere das erlernte Verhalten nicht allzu lange bei, ohne es aber gänzlich zu verlieren; denn sie zeigten bei Wiederaufnahme solcher Versuche ein schnelleres Wiedererlernen gegen zuerst.

Jeder höhere geistige Vorgang auch im Tiere setzt ein Nervensystem voraus. Wenn wir eine frisch getötete Schabe rückenwärts sezieren und den Verdauungstraktus entfernen, legen wir das Nervensystem in seinem Hauptverlaufe frei (Abb. 13). Es besteht bei den Insekten ursprünglich aus einer Anzahl paariger, an der Bauchseite gelegener Nerven- (Ganglien-) Knoten, welche durch quer und längs verlaufende Nervenstränge derart miteinander in Verbindung stehen, daß die Form einer Strickleiter erscheint. Nur der vorderste Ganglienknoten liegt oberhalb des Schlundes; diesen derart durch seine Lage vorn im Kopf ausgezeichneten Teil der Nervenkette nennt man das Gehirnganglion. Da schon das zweite Ganglion unterhalb des Darmes gelegen ist, müssen die Nervenstränge, welche beide verbinden, den Schlund als sog. Schlundring umspannen. An das zweite, das untere Schlundganglion schließt sich dann die fortlaufende, bauchwärts gelegene Nervenkette an, deren Zentren ursprünglich als ein Doppelknoten in jedem Segmente angelegt sein dürften. Wenn aber auch die Gliederung des Insektenkörpers derart von dem Nervensystem wiederholt wird, bleibt doch die Anzahl der Knoten stets hinter jener der Körperabschnitte zurück, wie auch bei der Schabe. Die Bauchkette erfährt durch Verschmelzung hintereinandergelegener Knoten oder durch

Ausfall einer Anzahl derselben, deren Funktion durch die erhalten gebliebenen übernommen wird, eine mehr oder minder weitgehende Zusammenfassung (sechs Bauchnervenknoten bei der orientalis gegenüber den neun Hinterleibssegmenten). Im übrigen folgt das Nervensystem der Gliederung des Körpers in die drei als Kopf, Thorax und Abdomen bezeichneten Abschnitte. Auf den Thorax entfallen ursprünglich drei gangliöse Doppelknoten, deren verhältnismäßige Größe auf ihre Funktion zurückzuführen ist; denn sie versehen die Beine und Flügel mit

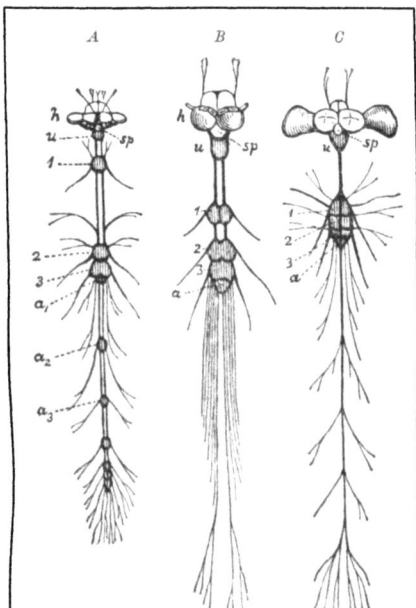

Abb. 13. Nervensystem einer Ameise (*A*), eines Maikäfers (*B*) und einer Schmeißfliege (*C*). *1*—*3* die drei Brustganglien, a_1—a_3 Hinterleibsganglien. *a* verschmolzene Hinterleibsganglien. *h* Gehirn, *sp* Durchtrittsöffnung für die Speiseröhre, *u* Unterschlundganglion.
Nach Brandt.

Nerven. Die kleinsten Nervenknoten gehören der Bauchkette des Hinterleibes an. Der rechts und links von der Mittellinie gelegene Ganglienknoten jedes Segmentes stehen ursprünglich durch einen vorderen und einen hinteren Nervenstrang mit einander in querer Verbindung. Diese Anlage weist die Entwicklung des Tieres im Ei (Embryonalentwicklung) regelmäßig deutlich nach. In manchen Fällen aber verwischt das weitere Wachstum dieses Verhalten. Die beiden nebeneinandergelegenen Nervenknoten nähern sich einander bis zur Berührung und Verschmelzung auf der Bauchmittellinie, die Knoten erscheinen unpaar. So entsteht aus dem ursprünglich (primär) einfacheren Leiterschema der Nervenkette eine bisweilen nachträglich (sekundär) stark veränderte Form derselben.

Periplaneta orientalis L. ist nicht die einzige Schabenart, welche der Mensch unter die ungebetenen Gäste seines Hauses zählen muß. P. americana L. hat sich gleichfalls von ihrer Heimat, dem tropischen Amerika, aus weit verbreitet; bei fast 4 cm Körpergröße eine auffallende Erscheinung in Magazinen, Gewächshäusern und anderen Stätten besonders von Hafenstädten. Aber, trotzdem sie sehr viel stärker als orientalis und in beiden Geschlechtern geflügelt ist, scheint sie nicht weiter an Boden zu gewinnen; nicht, trotzdem sie auf Schiffen häufig vorkommt und derart stets neue Angriffsgefährten landet. Auch eine australische Art scheint ihr Verbreitungsgebiet auszudehnen. Andererseits jedoch hat auch unsere Fauna einen Vertreter dieser Plagegeister über ferne Länder, das ganze Nordamerika, entsendet, die kleinste Art, Phyllodromia germanica L., welche von jeher unsere Heimat bewohnt zu haben scheint, deren Verwandte Ectobia lapponica L. übrigens auch noch jetzt oft in freier Natur, namentlich in Wäldern gefunden wird. Sie teilt mit dem Heimchen das Los, vor der unleidigen orientalis immer mehr zurückweichen zu müssen.

So birgt auch die stille Winterszeit, welche die Natur draußen unter schneeiger Decke in erquickenden Schlaf senkte, ein artenreiches Heer von Kerfen in Haus und Hof, die teils bei der gleichmäßigeren Zimmerwärme an den nimmerenbenden Vorräten an Holzteilen, Möbelbezügen, an Garderobe, Tapetenkleister, an den Vorräten von Küche und Keller, in Speicher und im Stalle, an allem, was organischen Ursprungs ist, jahraus und -ein ein Wohlleben führen, bis sie als Opfer ihrer Zudringlichkeit fallen; die zu einem anderen Teile nur während der Winterszeit ein Obdach suchen, meist ohne dem Menschen durch freßlustigen Angriff auf seine Habe mit Undank zu lohnen. Diesen Gästen begegnen wir mehr an ungeheizten Orten, im Keller, auf dem Boden, in Stall und Scheune. Sie alle bieten hingebender Beobachtung eine Fülle fesselnder Belehrung wie Gelegenheit zu mancher Ergänzung unserer Kenntnis ihrer Lebensgewohnheiten. Manche der Fragen, zu denen die folgenden Jahreszeiten eine günstigere Möglichkeit der Beantwortung an einem reicheren Materiale bieten, erfahren auch an jenen Gästen ihre Antwort. So bietet sich dem Eifer auch des jugendlichen Forschers ein weites Feld vielseitiger Betätigung.

Im Garten und auf der Wiese zur Frühlingszeit.

Harter, starker deutscher Winter, dir reiche ich die Freundeshand. Wer je den kraftlosen Winter des Südens, die fruchtschweren Zitronen- und Orangenbäume, das volle Laub der Johannisbrotbäume, grünende Opuntia-Büsche und Agaven, ragende Palmen neben blätterloser, abgestorben scheinender Vegetation, unter ihr unsere Ulmen, Pappeln, Akazien, geschaut hat, weiß, was er dem deutschen Winter schuldet: deutsche Arbeitsamkeit, deutsches Gemüt!

Im vielbeneideten Süden fehlt der Lenz, der die ganze Natur aus den eisesstarren Todesbanden des Winters erlöst, der Lenz, dessen zaubergewaltiges Werdewort auch das verstockteste Herz mit Jubeln und Jauchzen erfüllt. Noch ehe der Winter im letzten Stürmen die einsamen Blätter der Hainbuche und Eiche zu Boden weht, noch ehe der letzte Schnee unter dem warmen Hauche der Sonne vergeht, erscheinen die strahlendschönen Blütenboten des Frühlings, nach denen wir seit langem sehnsüchtig im Garten ausschauten: das blauäugige Leberblümchen, das schlanke Schneeglöckchen. Und bald sind auch die Krokos, Primeln, Veilchen, Narzissen, Hyazinthen, Anemonen und alle jene anderen da, die in prangendem Blütenschmuck das Erwachen der Natur verkünden. Schon blühen die Beerensträucher des Gartens, die Stein- und Kernobstbäume entfalten zartgrünes Laub und zeigen die Fülle ihrer Knospen, die jenes barg.

Der traute Lampenschein weicht dem sonnigen Himmelslichte, das unwiderstehlich hinauslockt in die neu erstandene Natur, in den Garten.

Die leichtbeschwingten, sonnenfrohen Tagfalter sind es, welche uns den Willkommengruß zu bieten scheinen als erste Frühlings= boten der Tierwelt: Angehörige der „Eckfalter" (Gattungen Vanessa und Pyrameïs), ein „Tagpfauenauge", „großer" oder „kleiner Fuchs", „Admiral", „Distelfalter", „Trauerman= tel", auch wohl ein „Zitronenvogel". Wir schauen ihrem gau= kelnden Fluge um die Blüten zu, wie sie sich setzen, um Nektar zu saugen, und mit den gespreizten Flügeln die Sonnenstrahlen fangen. Aber, sonderbar, diese Falter, welche wir von dem Lenz aus langem Puppenschlafe geweckt wähnen mochten, zeigen alle ein fadenscheiniges, zerrissenes Äußere. Und nun erinnern wir uns daran, gerade diesen Arten bereits während des Winters an geschützten Stellen vom Keller und Boden begegnet zu sein. In der Tat, es sind Kinder des Vorjahres, welche dort den rauhen, düsteren Winter zu verschlafen suchten. Es ist dies eine Ausnahme in der artenreichen Schmetterlingswelt; meist werden diese zarten Wesen, wenn sie ihrer Pflicht, die Art fortzupflanzen, genügt haben, dem Grimm des Winters ein frühes Opfer.

Nur wenige entgehen ihm: neben jenen genannten unter den „Eulen" (Noctuen) z. B. Angehörige der Gattungen Orrhodia, Xy= lina und Calocampa zwischen dürrem Laube am Boden, in Rin= denrissen und anderen Orten geborgen. Schon die ersten warmen Märztage vermögen sie aus ihrer Erstarrung zu erlösen; an den sich eben erschließenden Weidenkätzchen finden sie ihre erste Nahrung. In schützenden Verstecken des Hauses treffen wir von Noctuen be= sonders Scoliopteryx libatrix L. und Hypena rostralis L. an. Wer= den jene Räume dann gelegentlich geheizt oder erwärmt, so erwachen die Falter und taumeln schlaftrunken nmher, falsche Apostel des Lenzes, die mithin nur die Unwissenheit als Sendboten des na= henden Frühlings zu nennen vermag. Übrigens wird eine wie=

Im Garten und auf der Wiese zur Frühlingszeit

derholte Störung des Winterschlafes für die empfindlichen Tierchen meist töblich, wohl weil sie bei den Bewegungsanstrengungen Kräfte verbrauchen, die sie, der Möglichkeit einer Nahrungsaufnahme bar, nicht wieder zu ersetzen vermögen.

Zumal nur ein Teil der Individuen dieser Arten überwintert, werden wir die Frage stellen, warum denn nur dieser ein neues Leben im nächsten Frühjahre beginnt, während sich der andere nach einem sorglosen Dasein von wenigen Wochen der Unbill des Winters durch den Tod entzieht. Nun hat die Beobachtung gelehrt, daß sich die Geschlechter unter diesen überwinterten Faltern erst im Frühjahr finden, und eine anatomische Untersuchung, daß die Weibchen noch den vollen Eivorrat in ihrem Körper bergen. So werden wir in der Antwort nicht irren, daß die Natur sie nicht hat vergehen lassen wollen, bevor sie der wesentlichsten Aufgabe ihres Lebens, der Erhaltung ihrer Art gedient hätten. So überwintern auch vereinzelt Individuen mancher anderen Art, wie Glusia gamma L., Agrotis ypsilon Hufn., gewiß aus dem gleichen Grunde.

Muß es schon seltsam erscheinen, daß so gebrechliche Wesen den todesschwangeren Stürmen des Winters überhaupt zu trotzen wissen, so ist es noch merkwürdiger, daß sich einige Arten gerade den Spätherbst für ihre Hochzeit gewählt haben. Dann lassen sich im Oktober und November, auch wenn schon vereinzelt Nachtfröste auftreten, die Männchen von Hibernia aurantaria Esp. und defoliaria Cl. unter dem Straßenlichte um die kahlen Büsche flatternd beobachten, während ihre nur Flügelstummel tragenden Weibchen tiefer an den Stämmen des Besuchers harren, um dann ihre Eier höher hinauf an die ruhenden Triebe zu legen. Cheimatobia brumata L., der „Frostspanner", zeigt sich sogar noch bis spät in den Dezember hinein, zeitig genug, um durch seine aus dem überwinterten Ei geschlüpften Räupchen ungezählte Obstbaumknospen im kommenden Frühjahre zu vernichten.

Wie diese überdauern auch zahlreiche andere Schmetter-

Im Garten und auf der Wiese zur Frühlingszeit

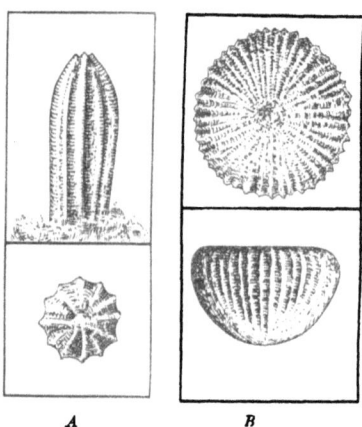

Abb. 14. Ei, A von Pieris rapae L., B von Agrotis forcipula Hb., oben Seitenansicht, unten Aufsicht. Nach B. K. Richter.

lingsarten den Winter im Eizustande. Die Form des Eies pflegt für die einzelne Art kennzeichnend zu sein (Abb. 14); mehr oder minder auch die Weise, wie die Ablage geschieht. Während Tagfalter, Schwärmer und Spanner ihren Eivorrat zumeist einzeln oder in kleinen Häufchen an die Nährpflanze heften, geschieht es bei Spinnern und Noktuen gewöhnlich regellos in Häufchen, oder mehrreihig rings um einen Stengel bzw. Astteil der Futterpflanze zu „Ringen", oder reihenweise neben- wie untereinander in „Spiegeln". Ausnahmen gibt es auch hier. So legen die Weibchen einiger Gabelschwanzarten (Harpyien) ihre Eier zu je zwei bis vier an ein Blatt der Nährpflanze, Angehörige der Tagfaltergattungen Vanessa und Araschnia wiederum in Häufchen und Ringen, also nicht einzeln.

Schon bietet uns der Garten Gelegenheit, diesen verschiedenartigen Gepflogenheiten nachzuforschen. Dort findet sich an einem Kernobststamm ein weißliches, oblonges Gebilde von etwa 2,5 cm großer Achse, das sich uns schon bei oberflächlicher Betrachtung auch an den zahlreichen eingewebten Haaren als Raupengespinst, als Puppenwiege zu erkennen gibt, völlig mit aneinandergereihten ungeschützten Eiern überzogen, welche das flügellose Weibchen des „Bürstenspinners" (Orgyia antiqua L.) über den Ort seiner Geburt hinauszutragen nicht für erforderlich hält. Wachsen Pappeln in der Nähe, können wir an diesen vielleicht das Eigelege des „Pappelspinners" (Leucoma salicis L.)

Im Garten und auf der Wiese zur Frühlingszeit

beobachten, deren grüne Eierhäufchen eine weiße, schaumige, all=
mählich erhärtende Decke überzieht. Wenden wir unsere Auf=
merksamkeit nunmehr den Zweigspitzen der Bäume zu, treffen
wir ziemlich sicher auch die zu einem mehrreihigen Ringe fest um
den Zweig geleimten, blaugrauen Gelege des „Ringelspinners"
(Malacosoma neustria L.) an.

Während die berüchtigte „Nonne" (Lymantria monacha L.),
welche über eine sehr umfangreiche Speisekarte gebietet und neben
dem bevorzugten Nadelholz die verschiedensten Laubbäume befällt,
ihre Eier ohne besonderen Schutz als sog. „Spiegel" dem Stamme
anvertraut, überzieht sie das Weibchen des nächstverwandten
„Schwammspinners" (Lymantria dispar L.) mit zähem Schleim,
um diesen mit dem gelbbraunen, wärmenden Wollhaare des After=
büschels zu decken: das Ganze einem Baumschwamme nicht un=
ähnlich. Mit gleicher mütterlicher Fürsorge bettet auch der „Gold=
after" (Euproctis chrysorrhoea L.) seine graufarbenen Eier meist
auf der Blattunterseite der verschiedensten Obst= und Waldbäume
in die goldgelbe Afterwolle ein.

Wie leicht wir aber mit Worten wie „Schutz", „Fürsorge" in
die Tatsachen von unserem eigenen menschlichen Tun aus
eine gänzlich falsche Zweckbestimmung hineinschauen,
lehrt dieses Beispiel der dispar und chrysorrhoea. Die Eier der
letzteren überwintern nämlich gar nicht unter dieser „Schutzhülle";
sie entlassen vielmehr noch vor Eintritt der strengen Jahreszeit
die Räupchen, welche, noch klein, in gemeinschaftlichem Mühen aus
Resten ihres Blattfraßes ein weißliches Gespinst an den Zweig=
spitzen verfertigen, um in ihm die Kälte zu überdauern. Übrigens
zerstreuen sie sich erst nach der letzten Raupenhäutung zu verein=
zeltem Vorkommen. Die Haare, auch die in das sog. Winternest
verwebten, reizen die Haut stark, besonders von empfindlichen Or=
ganen wie des Auges; daher Vorsicht beim Einsammeln.

Die Nachprüfung der Gepflogenheiten der Arten bei der Eiab=
lage bietet viel des Eigentümlichen. So vereinigt Eriogaster

catax L. die Weise der neustria mit jener der dispar, indem er seine Eier in schiefer Richtung um ein Ästchen legt und mit der bräunlichen Afterwolle bedeckt. Von den zu größeren Gelegen vereinten Eiern mögen viele eine Beute der zierlichen, ewig geschäftigen Meisen werden; den einzeln überwinternden Eiern droht diese Gefahr weniger. Derart verbringen die Winterszeit, meist in Rissen von Stamm und Zweig geborgen, eine größere Zahl auch von Noktuenarten; von ganzen Gattungen z. B. Polia, Amphipyra, Orthosia, Xanthia und Catocala. Wenn wir um diese Frühjahrszeit blühende Weidenkätzchen für die Vase schneiden, werden wir regelmäßig unbeabsichtigt manches Xanthia-Räupchen heimtragen (besonders die Arten lutea Ström., fulvago L.; neben ihnen Orth. circellaris Hufn.), die in den Kätzchen ihre erste Kost finden.

Zahlreicher noch erscheint die Folge jener Schmetterlingsarten, welche im Raupenzustande überwintern. Wenn wir uns der weitgehenden Schutzlosigkeit gerade dieses Falterstadiums erinnern, mag dies auffallen, zumal viele Arten im zarteren Raupenalter Schnee und Frost überstehen, ohne daß sie besondere schützende Vorrichtungen besitzen. So überwintern die Angehörigen der Spinnergattungen Lasiocampa und Cosmotriche, einige Arten des durch seine metallischen Flügelzeichnungen bekannten Genus Plusia, die asselförmigen Raupen der „Bläulinge" (Lycaeniden), die kleinköpfigen, dicken, faltigen der „Widderchen" (Anthrocera = Zygaena), die Noktuengenera Caradrina und Agrotis, letztere in verschiedenen Altersstufen. Gegenüber diesen gänzlich deckungslosen Raupen tragen die Bären- (Arctien-) Raupen wenigstens ein längeres Haarkleid; andere wie die der Gattung Hepialus, von der „Graswurzeleule" (Charaeas graminis L.) halten sich in und zwischen Pflanzenwurzeln versteckt, jene der Gattung Nonagria („Schilfeulen") überdauern in den Stengeln von Gräsern und Rohrarten, in denen sie auch sonst leben; am sichersten geborgen erscheinen jene, welche gleich den Raupen der Sesien („Glasflügler") im Innern von verholzten Pflanzenteilen inmitten ihrer Nahrung bleiben.

Während die der chrysorrhoea nächst verwandte Porthesia similis Fuessl. jung einzeln in einem kleinen weißlichen Gespinste unter Baumrinde überwintert, schließen sich andere, systematisch gänzlich fernstehende, nach Eigelegen vereint, geschwisterlich zusammen, um den Gefahren des Winters zu trotzen; so jene des „Baumweißlings" (Aporia crataegi L.), gleichfalls einer oft schädlich auftretenden Art, welche in einem gemeinschaftlichen lockeren Gespinste zwischen dürren Blättern der Zweigspitzen überwintern, und der „Scheckenfalter" (Melitaeen), die gesellig in versponnenen Blättern oder unter Moos verharren, um sich erst später im Frühjahre wie erstere und die chrysorrhoea für ein Einzelvorkommen zu zerstreuen.

Eine eigentümliche Weise, sich für die Winterszeit vorzubereiten, zeigt die Raupe der farbenschillernden Tropenform unserer Heimat, Apatura iris L. Das zumeist bis Ende Juli ausgekrochene Räupchen überzieht die Blattoberseite ihrer Nährpflanzen Salix caprea, auch S. cinerea, mit weißen Gespinstfäden, um es von der Spitze her zu befressen. Erst nach Wochen bilden sich im Gefolge der ersten Häutung die beiden absonderlichen Kopfhörner der Raupe, deren Färbung braunschwarz bleibt. Sie geht an ein neues Blatt und lebt wie zuvor. Wiederum erst nach Wochen, nach der zweiten Häutung, erscheint die Raupe grünlich, die „Hörner" erhalten vorn über den Kopf herunter einen braunen Strich. Dann, beim Nahen des Winters, fertigt sie an einer Knospe, nahe der Zweigspitze, ein Gespinst an, in dem sie fest eingehakt, dicht an den Zweig geschmiegt, überdauert, um im April zu neuem Leben zu erwachen und nach zwei weiteren Häutungen und einer 14 tägigen Puppenruhe im Juli den Falter zu ergeben. Etwa mit den Blättern zur Erde fallende Räupchen gehen zugrunde.

Einen ähnlichen Winteraufenthalt bereiten sich auch die Räupchen der Limenitis camilla Schiff; indem sie klein, in einer Astgabel ihrer Nährpflanze (Lonicera-Arten) versponnen, ausharren. Der „Große Eisvogel" (Lim. populi L.) verhält sich abweichend. Zunächst nimmt das junge Räupchen die Mittelrippe eines Blattes ein, das es von der Spitze aus beiderseits abnagt; der Kopf erscheint nach außen gestreckt. Den Kot setzt es am Rande des Blattes fest. Zur Überwinterung nagt es das Blatt der Länge nach ab, rollt es zusammen und überwintert in der Röhre, so daß das Hinterleibsende heraussieht. Eine gleiche Gewohnheit besitzt der „Kleine Eisvogel" (sibylla L.).

Die asselförmige Raupe von Cochlidion limacodes Hufn. überwintert an einem Blatte ihrer mannigfaltigen Futterpflanzen (Eiche, Buche, Nußbaum, Kastanie, Weiß- und Schwarzdorn) in einem länglichen gelbbraunen Tönnchen, mit dem Blatte abfallend, um sich erst im späten Mai zu verpuppen. Eine derartige Schutzhülle tragen die Psychiden- (Sackträger-) Raupen während ihres ganzen Lebens, wie eine Schnecke ihr Haus. In diesem „Sacke" überwintern sie auch, und es hält zu keiner Jahreszeit schwer, ihre Behausungen an Blättern oder Stämmen, wenn auch oft ohne lebenden Inhalt, aufzufinden, und wir sehen uns auch im Garten nicht vergebens nach ihnen um. Der „Sack" wird von der Raupe nie verlassen; sie vergrößert ihn in dem Maße, wie sie selbst wächst. Zur Fortbewegung streckt sie den Vorderkörper mit den Brustbeinen heraus, welche die nackten, vom „Sacke" geschützten Hinterleibsabschnitte nachschleppen. Der „Sack" erscheint meist röhrenförmig; oft, doch stets nur artlich verschieden, wird er mit Sand oder abgebissenen Blättern, Zweigstücken oder Moos bedeckt; selten ist er schneckenhausförmig gewunden (Abb. 15). Die Verpuppung geschieht regelmäßig im „Sack".

Zu diesem Zwecke wird er mit seiner oberen Öffnung, welche bis dahin dem Kopfe der Raupe mit den Mundteilen für die Nahrungsaufnahme bzw. den Brustbeinen zur Fortbewegung den Austritt gewährte, fest an die Unterlage (Blatt, Stengel, Zweig, Stamm) versponnen. Die Raupe wendet sich alsdann im „Sacke" um, so

Im Garten und auf der Wiese zur Frühlingszeit 61

Abb. 15. Psyche helix. a Raupe in ihrem schneckenähnlichen „Sacke",
b Männchen (⁵/₂), c Weibchen (⁶/₁).
Nach v. Siebold u. Klaus. Aus Boas.

daß die spätere Puppe mit ihrem Kopfe gegen das freigebliebene abgespreizte untere Sackende gerichtet wird.

Bei der Entwicklung des männlichen Falters schiebt sich bei allen Psychiden die Puppe weit aus dem Sack, um die Imago zu entlassen. Im Verhalten der weiblichen Puppe jedoch bestehen große Unterschiede. Bei den am weitesten in der Eigenart dieser Gruppe vorgeschrittenen Formen, den echten Psychinen, bleibt nicht nur die weibliche Puppe im Sack, sondern die weibliche Imago verläßt nicht einmal die Puppenhülle, welche nur am Kopfende aufgebrochen wird. Bei anderen Formen schlüpft das Weibchen zwar aus der Puppenhülle hervor, es erfolgt auch eine Ortsbewegung innerhalb des „Sackes", dieser selbst aber wird nicht verlassen.

Die Weibchen wiederum anderer Formen kriechen vollständig aus dem „Sacke" heraus und klammern sich alsdann an ihm mit den Beinen fest, ohne sich aber je weiter zu begeben. Die Entwicklung erfolgt bei den meisten Arten nur im Sonnenschein, oft schon bei Tagesanbruch.

Die Eier werden in großer Zahl (200—500) immer in den „Sack" abgelegt, bei jenen besonderen Gattungen in die Puppenhülle, und mit Afterwolle versehen. Das eben ausgekrochene Räupchen fertigt sich sogleich nach dem Verlassen der Eihülle, meist aus Teilchen des mütterlichen, ein passend großes eigenes Säckchen an. Bei einer Reihe von Arten (Gattung Psyche u. a.) ist beim Ausbleiben der Befruchtung gelegentlich Parthenogenesis beobachtet worden; bei wenigen (z. B. Apterona helicinella HS.) erscheint sie als regelmäßige Fortpflanzungsweise, deren Weibchen sofort nach ihrer Entwicklung mit der Eiablage beginnen, doch immer nur weiblichen Tieren das Dasein geben.

Die weiblichen erwachsenen Tiere sind stets infolge Rückbildung vollständig flügellos; jene der höheren Psychinen (und einiger Gattungen) zeigen außerdem rückgebildete (rubimentäre) Fühler, Augen, Mundteile und Beine. Wie in den allerverschiedensten Tiergruppen sehen wir hier Organe, von deren Verwertung die Eigenart der Lebensgewohnheiten der betr. Art absieht, mehr oder minder, oft bis zum völligen Verschwinden rückgeformt, in der Regel zugunsten einer erhöhten Ausbildung der Organe, welche jenen gegenüber zu außergewöhnlicher Bedeutung gelangt sind. So zeichnet sich hier der Hinterleib durch seine auffallende Stärke, durch den großen Eivorrat aus; das hilflose Tierchen erhält ein völlig wurm- oder madenförmiges Äußere. Dem gegenüber sind die Männchen wie in ihren Lebensgewohnheiten so auch in ihrem Aussehen durchaus falterartig geblieben.

Nicht bei allen Raupen, besonders von manchen Noctuen, Lasiocampiden u. a., unterbricht die Winterszeit gänzlich jede Lebenstätigkeit; sie lassen sich vielmehr bei frostfreiem Wetter die karge Küche gut schmecken: niedere Pflanzen, welche vom Strauchwerk geschützt oder im Schnee geborgen grünende Sprosse retten, oder Himbeer- und Brombeerstauden, welche sich von der üppigen Belaubung des Sommers her ein weniges zu bewahren mußten. Dieses frugale Mahl vereinigt dann bisweilen eine große Individuenzahl von recht verschiedenen Arten, die so mit leichter Mühe, z. B. durch Abklopfen über dem Sammelschirm erlangt werden können. Es sind insbesondere zahlreiche Agrotis-

Im Garten und auf der Wiese zur Frühlingszeit

Arten, Mamestra leucophaea View. und nebulosa Hufn., diese letzteren, wie Rhusina umbratica Goeze, fast erwachsen, häufig Naenia typica L., Plusia chrysitis L., auch einzelne „Spanner" (Geometriden), wenige Tagschmetterlingsarten (Rhopaloceren: Familie Satyrinae, Gattung Melitaea). Zu ihnen gesellen sich in erster oder zweiter Häutung Cosmotriche potatoria L., erwachsen die Phragmatobia fuliginosa L., noch winzig Arctia caja L. und gleichfalls noch klein Diacrisia sannio L.; am Boden namentlich noch Hadena- und Leucania-Arten.

Eigentümlich erscheint es, daß die Raupen einer Anzahl von Arten ausgewachsen den Winter überdauern, ohne sich zu verpuppen. So ruhen die „Ackereule" (Agrotis exclamationis L.) und Caradrina morpheus Hufn. in ihren aus Erdkrümchen gefügten Gespinsten während der kalten Jahreszeit als voll erwachsene Raupen im Boden, um sich erst im wärmeren Frühjahr in die Puppe zu verwandeln; so bezieht die stattliche, dicht schwarz behaarte, gelb geringelte Raupe von Macrothylacia rubi L. unter Moos und Laub ein Winterlager und bildet erst im Frühjahr, ohne noch wieder zu fressen, in einem weichen, oblongen, grauen Gehäuse die Puppe; so frißt sich die mißfarben gelbrötliche Raupe des „Weidenbohrers" (Cossus cossus L.) zur Überwinterung nach abwärts im Stamme und nagt sich eine Kammer, von der aus sie im Frühjahre gegen die Rinde vorbringt, um dicht unter ihr das Puppengehäuse anzulegen.

Seltener nur begegnen wir bei derselben Art individuellen Unterschieden in bezug auf das Überwinterungsstadium, öfter einem verschiedenen Verhalten denselben äußeren Lebensbedingungen gegenüber. Es ist z. B. möglich, daß wir nacheinander eine fuliginosa in halber Erstarrung, noch biegsam, vom Busche klopfen, daneben eine andere aus dem hohlen Stengel des Wasserampfers völlig erstarrt, in Stücke brechbar, schälen, während alsbald eine dritte in raschem Laufe auf dem Wege kreuzt.

Weitaus die Mehrzahl der Falter aber findet der

Winter in jenem Stadium vor, dessen harte Chitinschale ohnedem den besten Schutz gegen seine Härten zu geben scheint: als Puppe. Nicht alle überdies in besonderen Gespinsten oder der Erde geborgen. Die Zierden unserer Tagfalterfauna, der „Segelfalter" und „Schwalbenschwanz" (Papilio podalirius L. und machaon L.) haken ihre Puppen am After in ein Gespinst ein und befestigen sich aufrecht um die Mitte des Körpers mit einem Faden gänzlich frei an den Zweigen bzw. Stengeln ihrer Nährpflanzen. Ähnlich überwintern auch die Puppen der „Weißlinge" ungeschützt an Baumstämmen, Zaunlatten, Mauern u. a., frei ebenfalls die absonderlich kahnförmig gebogene Puppe des „Aurorafalters" (Euchloë cardamines L.).

Die meisten „Schwärmer" (Sphingiden) und zahlreiche Noctuen, z. B. die Gattungen Mamestra und Dianthoecia, überdauern den Winter als frei in der Erde ruhende Puppen; andere fertigen im Boden aus Erdkrümchen leicht versponnene „Wiegen" an, wie die Noctuengattungen Taeniocampa und Cucullia; einzelne Noctuen verweben abgenagtes Holzmehl mit den langen Haaren des Raupenkleides zu kunstvolleren Gespinsten, so Acronycta aceris L. und megacephala F. Ähnliche, naturgemäß holzlose Gespinste bergen auch die Puppen vieler „Spinner" im abgefallenen Laube, eine aus systematisch sehr verschiedenartigen Elementen zusammengesetzte Gruppe, welche eben jene populäre Bezeichnung nach der gemeinsamen Eigenart der Puppenwohnung kennzeichnet. Die beiden prächtig grünen Hylophila prasinana L. und Earias chlorana L. hüllen ihre Puppen in bootförmige weißgelbliche Gehäuse, die sie auf einer Blattoberseite anspinnen; der „Buchenspinner" (Stauropus fagi L.) verwandelt sich in einem festen seidigen Kokon zur Puppe, ebenfalls die Angehörigen der Gattungen Drepana und Pygaera. Für die vollendetsten Künstler aber müssen wir die „Nachtpfauenaugen", unsere Saturnia pavonia L., erklären, deren in durchbrochener Arbeit gefertigte, flaschenförmige Gespinste an ihrer Öffnung fischreusenartig gegen Einbringlinge geschlossen sind. Von unverwüstlicher Dauerhaftigkeit erscheinen die aus abgenagten Holzspänen aufgebauten, rindenfarbenen Gehäuse der Cerura=Arten, die sich jahrelang an den Stämmen der Nährpflanzen erhalten, nachdem der Falter sie längst verlassen hat. Aber, mag auch der Kokon denkbar fest sein und seine Färbung der Rinde täuschend gleichen, wie jener von Hoplitis milhauseri F., das scharfe Auge des Spechtes erspäht ihn doch, der die Puppe als leckeren Bissen während des kargen Winters heraushackt.

Aus diesen Beobachtungen bereits, für die uns die Fauna des Gartens ein sehr reiches weiteres Material zur Verfügung stellt, haben wir an bekannteren Arten einen Einblick in die unerschöpfliche Mannigfaltigkeit der Gewohnheiten tun können, welche die verschiedenen Entwicklungszustände der Falterwelt in Schnee und Eis angenommen haben. Und nun erst das unübersehbare Heer der anderen Insekten und dessen wechselvolle, arteigene Anpassungen an die Unbill des Winters. Je fester die Chitindecke ist, welche den Körper der Imagines kleidet, desto größer wird die Zahl jener Arten sein, die als vollkommenes Insekt überwintern. Ist die Puppenhaut stark chitinisiert, ruht die Puppe in einem dichten Gespinst, schließt das Innere eines Stammes oder dessen Rindendecke sie ein, birgt sie der Erdboden, so wird gerade dieses ohnedem der allmählichen Wandlung zur Reife dienende Stadium die rauhe Jahreszeit überdauern. Sonst, namentlich bei den Insekten mit unvollkommener Verwandlung, ist es das Ei; seltener das Raupen= bzw. Larvenstadium.

Soweit die Arten dann nicht, sei es auch nur als einzelne Individuen, ihren Aufenthalt in Räume höherer Temperatur, wie sie allein das menschliche Schaffen bietet, verlegen, bringen sie die Zeit im sog. Winterschlafe zu, wie wir ihn genauer bei einer Anzahl von Wirbeltieren kennen. Diese bringen den Winter in vor Frost geschützten, durch Pflanzenstoffe oder Haare warm ausgepolsterten Baum= oder Erdhöhlen mit zusammengezogenem Körper und geschlossenen Augen zu. Die gesamten Lebensäußerungen beschränken sich auf das geringste Maß, wie es besonders die sehr schwache Atmung, der stark verlangsamte Herzschlag und die geringe Empfindlichkeit z. B. gegen Störungen erweisen. Die Körpertemperatur erscheint erheblich niedriger, auch die Tätigkeit des Darmkanals und seiner Anhangsdrüsen bedeutend vermindert, so daß es verständlich wird, bei dem Tiere nur ein derart geringes Nahrungsbedürfnis zu finden, daß es von den Reservestoffen, namentlich dem Fette, zu zehren vermag, die es zur Zeit des Nahrungsreichtums aufgespeichert hat. Wir sprechen demnach den Zustand des Winterschlafes als einen solchen an, wie er nur das für die Erhaltung des Lebens unbedingt erforderliche Mindestmaß von Stoffwechsel äußert.

Über seine Ursachen ist man verschiedener Ansicht. Jedenfalls kann es sich bei ihm nicht wohl um einen eingepflanzten Naturtrieb handeln, für den Zweck, das Tier über die Zeiten dürftiger oder mangelnder Nahrung hinwegzuhelfen. Abgesehen davon, daß diese Erwägung wesentlich nur auf das überwinternde Larvenstadium des Insekts, vor allem nicht auf die Puppe bezogen werden könnte: es gibt auch einen „Sommerschlaf", bekannt namentlich aus der Trockenzeit der heißen Erdstriche, z. B. für Krokodile und manche Schlangen, aber auch für einige Fische. Zu diesen aber auch Arten unserer Fauna, welche in sehr weichen (d. h. an Kalk=, Magnesia=, Eisen= und Tonsalzen armen) Wassern leben, die naturgemäß besonderer Erwärmung ausgesetzt sind; die Fische verfallen bei großer Wasserwärme in völlige Lethargie, und weiter in regelrechten Sommerschlaf und ausgeprägte Wärmestarre; wie die Schleie, die sich in diesem Zustande ohne Fluchtversuch ergreifen und widerstandslos aus dem Wasser heben lassen.

Vor allem jedoch sind hier auch die Erfahrungen des Sommerschlafes einiger Insekten zu berücksichtigen. So bei Blattläusen; nachdem sich z. B. Aphis aceris im Frühling und Vorsommer reichlich vermehrt hat, kommt im Juli und August eine Zeit, in der man geflügelte Tiere vergebens sucht. Dann halten die jungen Larven Sommerschlaf; sie halten sich angesogen, aber wachsen nicht, nehmen also keine Nahrung auf. Zu Anfang oder Mitte September jedoch bringen diese nunmehr rasch heranreifenden Individuen wieder parthenogenetisch geflügelte oder ungeflügelte Nachkommen hervor; erst später entsteht die Geschlechtsgeneration.

Eine noch auffallendere Wärmestarre begleitet den normalen Entwicklungsverlauf einer Anzahl von Arten der Gattung Coccinella, die als „Gotteskühe", „Sonnenkinder", „Marienkäfer" eine gewisse volkstümliche Wertung genießen und bereits während des Winters nicht selten als Imagines am Fenster erscheinen, wohin sie die Zimmerwärme bzw. das Tageslicht aus dem dunklen Keller oder kalten Raume gelockt hatte. Zu ihrem Verderb; denn dieses vorzeitige Erwachen aus dem Winterschlaf richtet sie durch Nahrungsmangel zugrunde. Diese besteht, wie bei ihren Larven, aus Blattläusen. Die Käfer überwintern sonst im Freien hinter loser Borke, unter Laub und an anderen geschützten Orten in Kältestarre, um mit den sonnigen Frühjahrstagen hervorzukommen. Sobald sich die Blattläuse plagegleich zu vermehren beginnen, im Mai, setzen auch die Käfer mit der Paarung und Eiablage ein. Die etwa gestreckt ellipsoidischen, orangefarbenen Eier werden zu 10—20 mit der schmalen Fläche nebeneinander meist auf die Unterseite des Laubes der verschiedensten von Blattläusen befallenen Pflanzen gekittet und schlüpfen nach gegen acht Tagen; die Larven wachsen bei reichlicher Nahrung schon in kaum drei Wochen heran; der Käfer schlüpft nach weiteren etwa 10 Tagen. Diese Eiablagen werden bei wiederholter Paarung über Monate hin, bis in den Juli fortgesetzt.

Dann aber läßt sich während einer Folge von Wochen, bis gegegen Mitte oder Ende September, kein einziger Käfer mehr erblicken: die ältere, vorjährige Generation ist inzwischen gestorben, und die jüngere hat sich dann zum Sommerschlaf verkrochen. Erst die weniger heiße herbstliche Jahreszeit lockt sie noch einmal

— mit ihrer Nahrung zugleich — aus den Schlupfwinkeln zu munterem Leben hervor, bis sie, oft gesellig, Verstecke für den Winterschlaf aufsuchen. Eine Vermehrung aber hat durch diese Tiere im gleichen Jahre nie statt; die Keimdrüsen sind vielmehr zur Zeit des Schlüpfens der Käfer aus der Puppe noch nicht gereift, sie entwickeln sich erst langsam bis zum nächsten Jahre.

Ein Trieb pflegt für alle Individuen derselben Art elementare Gesetzlichkeit zu haben. Der Annahme eines solchen für diese Erscheinungen steht daher schon die genannte Beobachtung entgegen, daß Angehörige einer Art auf verschiedener Stufe der Raupenentwicklung überwintern können, daß ferner insbesondere „Schwärmer"-Puppen (Sphingiden) sehr oft noch im Herbste den Falter ergeben, während ein übriger, meist größerer Teil erst im nächsten Frühjahr schlüpft. Wir alle fühlen uns am wohlsten, wenn die Temperatur weder zu hoch, noch zu niedrig ist, mit Unterschieden der betreffenden Höhe in bezug auf die Menschen der verschiedenen Breiten, aber auch der individuellen Natur an gleicher Stätte. Die anderen Organismen besitzen ebenfalls eine spezifische Temperatur, welche ihrer Entwicklung am gedeihlichsten ist. Je mehr sich von ihr aus die Temperatur ihres Aufenthaltsortes entfernt, desto ausgesprochener verlangsamt sich die Lebenstätigkeit; bis sie auf das Mindestmaß herabsinkt, d. h. der Organismus in Winter- bzw. Sommerschlaf verfällt.

Tiere und Pflanzen verhalten sich darin nicht so verschieden, wie man wohl gedacht hat. Beide können auch sehr übereinstimmende günstigste Temperaturen (Optima) besitzen, wie das Wachstum der Blattläuse und ihrer Nährpflanzen in dieser Beziehung weitgehend gleiche Abhängigkeit zeigt. Bemerkenswert ist, daß die Bluttemperatur der wechselwarmen („kaltblütigen") Tiere nicht etwa einfach jener der umgebenden Luft bzw. des einschließenden Wassers gleicht. Vielmehr folgt sie extremen Temperaturen nach oben wie nach unten immer zögernder; d. h. der Organismus zeigt bei Außentemperaturen, die namentlich bei

Im Garten und auf der Wiese zur Frühlingszeit

wasserarmen Lebewesen erheblich unter 0° liegen können, noch kein wirkliches Gefrieren, noch keine Eisbildung im Protoplasma bzw. Blute. Diese „Eigentemperatur" wird übrigens nur zum Teil als Folge des Gehaltes an gelöstem Salze zu betrachten sein, entsprechend dem niedrigeren Gefrierpunkte des Meerwassers (bei etwa − 2°). Wie man einen kältestarren Menschen in ein kaltes Zimmer bringen und mit Schnee abreiben, ganz langsam erwärmen soll, ertragen auch Insekten keine plötzliche Übertragung in warme Räume; bei allmählichem Auftauen aber kehren sie aus einem Zustande ins Leben zurück, während dessen sie (z. B. Raupen) sich glatt in Stücke zerbrechen ließen. Auf der entgegengesetzten Seite liegen die Erscheinungen des Hitzschlages und -todes.

Nach alledem liegen die Erscheinungen des Winterschlafes auf physiologischem Gebiete. Winterschlaf und Laubfall sind Parallelerscheinungen, nicht ersterer eine Anpassung an letzteren, eben an den Nahrungsmangel; und diese beliebte Zwecksetzung unterbliebe richtiger. Merkwürdigerweise kann der Lebensverlauf des Tieres nachträglich und im Laufe der Zeiten eine derart zwingende Einstellung auf diese Entwicklungspause erfahren, daß diese auch innegehalten wird, wenn der äußere Anstoß, die winterliche Kälte, ausbleibt. Das lehren die Versuche, z. B. Raupen und Puppen zu „treiben", d. h. über Winter im warmen Zimmer zu züchten. Agrotis pronuba L. („Hausmutter") und fimbria L., die beide (teils in zweiter Generation) vom Herbst bis Mai, mit Unterbrechung durch die Kältestarre, an niederen Pflanzen leben, um sich dann in einer zerbrechlichen Erdhöhle zu verwandeln, lassen sich über Winter mit Salat-, Rumex-, Kohlblättern u. a. füttern und in ihrer Entwicklung so sehr beschleunigen, daß die Falter bereits im Dezember erscheinen. Das bedeutet eine Abkürzung der Metamorphose von ungefähr neun auf vier Monate.

Auch die etwa eingeschlossenen Parasiten (Schlupfwespen) verlassen zu gleicher Zeit ihren vernichteten Wirt.

Und ähnlich lassen sich auch z. B. Agrotis typica Hufn. und Naenia typica L. „treiben". In anderen Fällen gelingt es, die Zahl der Generationen während eines Jahres zu erhöhen; so bei Arctia=Arten (caja L. und villica L.) auf zwei, bei Parasemia plantaginis L. sogar auf drei bis vier; bei Pleretes matronula L., die sonst zweimal (nach der vierten Häutung und völlig erwachsen) überwintert, läßt sich auf diesem Wege eine einjährige Zucht erzielen. Oft aber ist alle diese Mühe gänzlich vergebens, wie bei Plusia chrysitis L., den Leucania-, anderen Agrotis= und Arctia=Arten. Diese beginnen mit dem Kalenderwinter unruhig hin und her zu laufen, hören auf zu fressen und gehen zugrunde, wenn sie nicht wenigstens für einige Zeit der Winterkälte unter gewohnten Verhältnissen ausgesetzt werden.

Gleichen Gegensätzen, für die uns das erklärende Verständnis fehlt, begegnen wir auch beim „Treiben" der Puppen. Wenn sich auch die Entwicklung der Mehrzahl der Falter in gleichmäßiger Zimmertemperatur beschleunigen läßt, ist doch der Grad ein sehr verschiedener. Man kann für den Versuch zwei Methoden anwenden: 1) die Puppen werden bereits im Herbst, kurze Zeit, nachdem sich die Raupen verwandelt hatten, in ein geheiztes Zimmer gebracht; oder 2) die Puppen verbleiben bis zum Januar im Freien, erleiden also zunächst die Einwirkung des Frostes und kommen erst dann in die Zimmerwärme. Übrigens erst, nachdem sie zuvor ein oder zwei Tage im ungeheizten Zimmer gelegen haben, da sie derart erhebliche plötzliche Temperaturunterschiede sonst oft nicht ertragen. Ohne die mannigfaltigen Verhältnisse eingehender behandeln zu können, sei nur erwähnt, daß die erstere Methode auf viele Arten der als Puppe überwinternden Noctuengattungen keinen nennenswerten Einfluß ausübt, während die Puppen fast aller Arten, nach der zweiten behandelt, schon nach wenigen Wochen schlüpfen. Bringt man so die Spezies der Gattung Acronycta im Januar aus dem Freien in das warme Zimmer, ergeben alle sehr bald den Falter; bis auf leporina L., welche

Im Garten und auf der Wiese zur Frühlingszeit

von der Temperaturerhöhung keinerlei Vermerk nimmt. Unterwirft man sie aber der ersteren Versuchsanordnung, so sterben die Individuen meist; die wenigen sich entwickelnden Tiere aber erscheinen erst im April, zu einer Zeit also, die jener des gewöhnlichen Auftretens im Freien sehr nahe liegt.

Ich habe getrachtet, einen Einblick in die Gepflogenheiten zu gewähren, welche die zarte Falterwelt des Winters rauher Hand trotzen lassen. Der jugendliche Forscher möge diese Kenntnis des Verhaltens jener allbekannten Arten benutzen, um zur Aufklärung der betreffenden Gewohnheiten all der übrigen wenig beachteten, oft winzigen Insektenformen beizutragen, deren unübersehbare Fülle der Frühling aus düsteren Verstecken hervorlockt. Eine aufmerksame Beobachtung wird noch viele Einzelheiten fördern. Und so überaus fesselnd, so überaus reich an stets wieder neuen Formen und Gewohnheiten entrollt sich uns unter der Frühlingssonne das Kerftierleben, daß ich fast befürchten muß, dem ungestümen Eifer zu sammeln, zu beobachten, als ein Hindernis zu erscheinen, wenn ich im Anschlusse an den besprochenen Einfluß der Temperatur einer weiteren Wirkung derselben gedenke. Diese Versuche sind nicht schwer zu wiederholen und führen mitten hinein in die Fragen nach den Ursachen, welche die Artumbildung bewirkt haben. Die verwirrende Mannigfaltigkeit des sommerlichen Lebens würde uns noch weniger Muße geben, jene Erscheinungen zu prüfen; und der müde Herbst entbehrt schon des Tiermateriales, dessen wir hierfür bedürfen.

Wenn in der Natur nicht nur nächstverwandte Arten in verschiedenen Entwicklungsstadien, dieselbe Art in unterschiedlicher Raupengröße überwintern können, wenn es selbst experimentell gelingt, diese Verhältnisse bei einer Zahl von Arten, allgemeiner oder individueller, zu verschieben, so hat es von Anbeginn nahe gelegen, ein besonderes Augenmerk darauf zu richten, ob denn diese gänzlich ungewohnten Lebensbedingungen völlig ohne Einfluß auf die artlichen Merkmale blieben. Es hat sich die sehr beachtliche Tatsache ergeben, daß solche außerordentlichen Temperaturen namentlich die Färbung und mit ihr das ganze Aussehen des Tieres oft erheblich zu ändern vermögen.

Man hatte die Falter zunächst vom Ei, später vom Raupenstadium an fortdauernd unter erniedrigter bzw. erhöhter Temperatur aufgezogen, bis man erkannte, daß sich vor allem die Puppe auf solche Einflüsse durch Wechsel des Farbkleides ihrer Imago äußere, und bis die Versuche dann wesentlich auf diese Entwicklungsstufe beschränkt wurden. Da die Puppen dem Experimente bald nach Abstreifung der Raupenhaut unterworfen werden müssen, will man eine nennenswerte Wirkung erzielen, so nimmt man sie noch vor vollständigem Erhärten der Chitinhaut von dem seitens der Raupe gewählten Platze. Vorwiegend werden Tagfalterpuppen verwendet; diese wären derart abzulösen, daß man die noch sehr zarthäutige Puppe gänzlich unberührt läßt, vielmehr mit einer Pinzette die Seidenfäden, an welchen sie fest versponnen hängt, von allen Seiten ablöst. In leichten Gespinsten ruhende Nachtfalterpuppen (Arctia-, Catocala-Arten u. a.) können aus ihnen entnommen, stärkere Kokons jedenfalls seitlich aufgeschnitten werden. Sobald sich der eigentümlich feuchte Glanz von der Chitinhaut mindestens zur Hälfte verloren hat, ist die Puppe für den Versuch geeignet; sie befindet sich jetzt in jenem Zustande der Entwicklung, in welchem sich die Färbung des zukünftigen Falters weitaus am ehesten durch Temperatureinflüsse verändern läßt. Arctia- und Catocala-Puppen sind ähnlich etwa der von Vanessa antiopa L. noch vor dem Sichtbarwerden des bläulichen Reifes, mit dem sie sich bald überziehen, zu benutzen. Bei den winterüberdauernden Puppen aber tritt dieser versuchsempfindliche Zustand erst im Frühjahr ein.

Der Versuch mit erniedrigter Temperatur, das Kälteexperiment bietet nun im allgemeinen keine erheblichen Schwierigkeiten. Wenn ein sehr kühler Keller für das Kästchen mit den Puppen zur Verfügung steht, kann man in ihm schon vortreffliche

Im Garten und auf der Wiese zur Frühlingszeit 73

Ergebnisse gewinnen. Andernfalls ersetzt ihn der Eisschrank, wie er in der Haushaltung gebraucht zu werden und der eine Temperatur von $+4^0$ bis $+10^0$ C zu besitzen pflegt. Sonst läßt sich ein betreffender Kühlapparat ohne große Kosten in der Weise herstellen, daß ein aus sehr starkem Zinkblech gefertigter Kasten von gegen 40·40·60 cm Größe in einen ziemlich anschließenden Holzkasten und dieser Doppelbehälter wieder in einen allseits um etwa 15 cm weiteren hölzernen Kasten gestellt, zugleich der Zwischenraum mit völlig trockenem Sägemehl ausgefüllt wird.

In den mit Eis nicht ganz gefüllten Blechkasten wird ein 5—8 cm tiefer Einsatz (aus Zinkblech) zur Aufnahme der Puppen oben eingesetzt, dieser mit einer Blechplatte, nicht mit einem Brette, zugedeckt und darüber eine Filzplatte oder ein anderer schlechter Wärmeleiter, vielleicht in mehreren Schichten gebreitet. Die Puppen können nun der Raumersparnis wegen ziemlich dicht nebeneinander, aber am besten auf einem Drahtsieb, gelagert werden. Die Tagfalterpuppen aber werden besser, auch zu mehreren, an einer Insektennadel durch den Seidenbausch gesteckt und so an einem Holzleistchen befestigt. Derart behalten diese Puppen während des Versuches die natürliche hängende Stellung bei, die währenddem oft starken Feuchtigkeitsniederschläge an wie zwischen den Puppen und ihrer Unterlage werden so vermieden und eine weit bessere Durchlüftung wird ermöglicht, was gerade beim Kälteexperiment für eine gute Entwicklung und kräftige Färbungsänderung von ganz wesentlicher Bedeutung erscheint.

Je näher die Temperatur des Experimentes der unter gewohnten Verhältnissen kommt und je trockener die Luft ist, um so früher und länger dürfen die Puppen ihrem Einflusse ausgesetzt werden. So dürfen sie z. B. bei $+10^0$ C und ziemlich trockner Luft noch halbweich in den Raum verbracht und sehr wohl 5—6 Wochen in ihm belassen werden, während die Puppen bei $+4^0$ C besser erst kurz vor dem gänzlichen Verschwinden jenes Hautglanzes dem Versuche auf 3—4 Wochen ausgesetzt werden sollen.

Das Wärmeexperiment erfordert eine möglichst konstante Temperatur von +35° bis 38° C, wie sie wohl nur in einem Brutapparat oder Thermostaten zu erreichen ist. Die Versuchsdauer kann 24—28 Stunden betragen. Die Heizung geschieht am bequemsten mit Gas oder noch besser elektrisch; sie erfordert aber in allen Fällen, namentlich bei erheblichen Temperaturunterschieden draußen, eine fleißige Überwachung. Die so ausgeführten Experimente an Puppen der mitteleuropäischen Fauna liefern namentlich für die Vanessa-Arten auch Falterformen, die beim Kälteversuch den gegenwärtigen nördlichen Abweichungen (Varietäten) von der Normalform mehr oder minder entsprechen, beim Wärmeversuche dagegen südlichen Varietäten; Formenreihen, welche man daher auch als klimatische bezeichnet. Andere der so erzielten Abweichungen sind aber bisher nicht oder doch nur andeutungsweise in der freien Natur gefunden worden.

Die weiteren sog. **Frost-** bzw. **Hitzeversuche** beziehen sich auf vom Optimum noch entfernter liegende Temperaturen. Um die wünschenswerten Kältegrade zu erhalten, kann man sich des skizzierten Eiskastens, doch von geringeren Ausmaßen (etwa $27 \cdot 27 \cdot 45$ cm für den äußeren, $18 \cdot 18 \cdot 30$ cm für den inneren Kasten) bedienen. In den inneren Behälter wird ein Zinkblechkasten getan, der mit einer Kältemischung aus zerstoßenem Eis und Kochsalz gefüllt wird. Die Puppen bringt man entweder in ein Blechgefäß, dessen Boden zur Vermeidung allzu schroffer Temperaturunterschiede und zu einseitiger Abkühlung zweckmäßig mit einem schlechten Wärmeleiter (Papierlagen, Gaze u. a.) ausgelegt wird, und mit ihm auf die Kältemischung. Oder es können auch die in hängender Stellung an Stäbchen genabelten (Tagfalter-) Puppen direkt an den Seiten oder dem Deckelteile des Kältegefäßes befestigt werden. Als Mischungstemperatur des feinzerstoßenen Eises und Kochsalzes, die beide mittels eines Holzstäbchens gut vermengt werden, läßt sich bei einem Gewichtsverhältnis von 2:3 eine Erniedrigung auf etwa $-20°$ C erreichen;

Im Garten und auf der Wiese zur Frühlingszeit

bei anderen Gewichtsverhältnissen ist die Kälte geringer. Im Puppenraume pflegt sie 2—4° C höher zu sein; sie soll dort aber auch für den Versuch — 12° nicht überschreiten, doch — 8° C betragen, wenn die Puppen zwei Stunden aushalten sollen.

Bevor die Puppen dem Einflusse dieser Kältegrade ausgesetzt werden, hat man sie wohl bei einer Temperatur von gegen + 4° C vorgekühlt. Es ist nun durchaus nicht nötig, daß die Temperatur im Puppenraume zwei Stunden beispielsweise gleichmäßig auf — 11° C stehe. Sinkt sie innerhalb einer halben Stunde von 0° auf — 11° C und verharrt auf dieser Tiefe $^1/_2$ bis $^3/_4$ Stunden, so kann sie hierauf sehr wohl langsam wieder steigen, bis auf 0° und selbst + 5° C, worauf die Puppen in gewöhnliche Keller- oder Zimmertemperatur gebracht werden. Innerhalb 24 Stunden soll der Versuch derart 2—3 mal wiederholt werden, und zwar zwei bis drei aufeinander folgende Tage.

Die Hitzversuche bedürfen eines Brutapparates (oder Thermostaten), welcher die gewünschte Temperatur insbesondere so weit gewährleistet, um tötliche höhere Temperaturen auszuschließen, oder sie doch wenigstens durch eine elektrisch betätigte Alarmglocke anzuzeigen. Die Häufigkeit und Dauer des Versuches richtet sich auch hier nach den angewandten Hitzegraden, die meist zwischen + 40 und + 43° C gewählt werden, sich sonst auch schon mit + 38° C begnügen. Falterabweichungen treten bereits in ansehnlichen Prozenten auf, wenn die Puppen dreimal täglich zwei Stunden in + 43° oder zweimal täglich vier Stunden in + 42° oder zweimal täglich acht Stunden in + 40° C gehalten werden.

Diese gewonnenen Falterabweichungen gleichen nun nicht mehr klimatischen bzw. örtlichen Varietäten, wie jene der Kälte- und Wärmeversuche, sondern nur vereinzelt und verstreut in der Natur auftretenden Farbänderungen (Aberrationen), und zwar liefern Hitze und Frost ganz dieselben Formen

(Abb. 16). Im Freien hat die Sonnenbestrahlung den wesentlichsten Anteil an der Bestimmung der Temperatur; es liegt daher der Gedanke nahe, sie für die Bildung auch solcher Aberrationen in der Natur mit verantwortlich zu machen. In der Tat, setzt man z. B. Vanessa=Puppen den direkten Sonnenstrahlen aus, wobei die Körpertemperatur bis auf + 41° C steigt, so ergeben sich gleichfalls jene Aberrationen. Im allgemeinen zwar behütet die Gewohnheit der Raupe ihre Puppe vor der Gefahr einer direkten Besonnung, welche ihr bei längerer Dauer tötlich wird. In seltenen Fällen aber mag eine Puppe auch im Freien so für mehrere Stunden der Einwirkung der Sonnenbestrahlung ausgesetzt sein und hiernach einen aberrativen Falter schlüpfen lassen.

Es erscheint ebenfalls nicht ausgeschlossen, daß durch kalte Nächte mit Reifbildung im Herbste gelegentlich bei Puppen z. B. von Vanessa urticae L. und io L. (zweite Generation), Pyrameis atalanta L. und cardui L. derartige Formen erzeugt werden. Nur bei den als Puppen überwinternden Faltern bzw. Generationen (zweite von Papilio machaon L., Araschnia levana L.) scheinen diese Abberrationen nicht durch Frost, sondern nur durch Hitze zu entstehen. Es mag noch hervorgehoben werden, daß Ver=

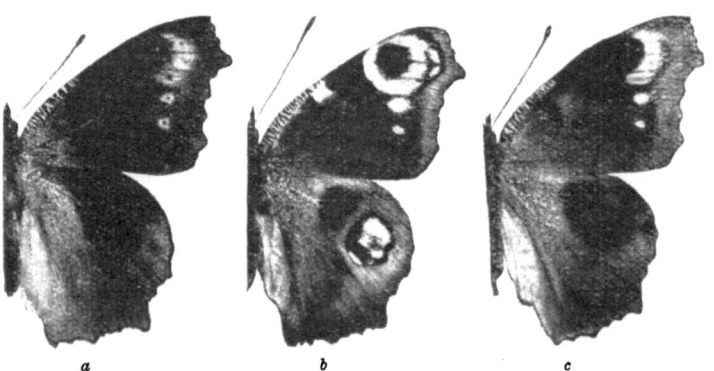

Abb. 16. Vanessa io L. *a* Frostform (ab. antigone Fschr.), *b* Normalform, *c* Hitzeform (ab. antigone Fschr.). Nach E Fischer.

Im Garten und auf der Wiese zur Frühlingszeit 77

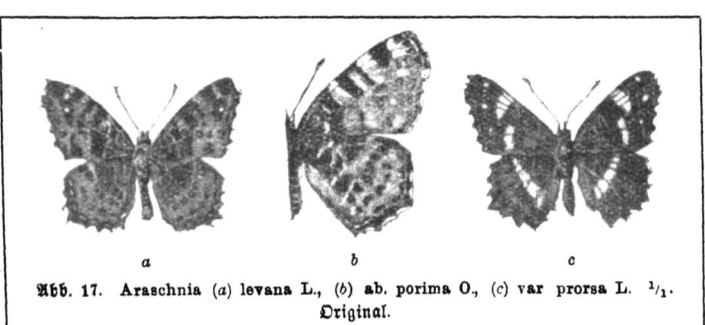

a   *b*   *c*

Abb. 17. Araschnia (*a*) levana L., (*b*) ab. porima O., (*c*) var prorsa L. $^1/_1$. Original.

suche mit Temperaturen von $+38°$ bis $+40°$ C Formen ergeben, welche den Kältevarietäten ($0°$ bis $-10°$ C) gleichen, und daß eine klimatische Wärmeform (bei $+34°$ bis $38°$ C) nur für Vanessa urticae L. („Kl. Fuchs") als ichnusa Bon., polychloros L. („Gr. Fuchs") als erythromelas Aust. und antiopa L. („Trauermantel") als epione überhaupt bekannt ist.

Während sich die Aberrationen nur als größte Seltenheiten ohne eigentliche örtliche Beschränkung unter der Stammform vorfinden, während dagegen die klimatischen Varietäten die Art in Gegenden besonderen Charakters zu vertreten pflegen, können Stammform und Varietät bisweilen auch an derselben Örtlichkeit in zeitlicher Folge (1. und 2. Generation) als „Saison-Varietäten" auftreten. Das augenfälligste Beispiel unser Fauna hierfür bildet Araschnia levana L. mit prorsa L. (Abb. 17). Erstere, die Frühjahrsgeneration, ist namentlich in der Ausdehnung der schwarzen Zeichnungselemente auf dem orangefarbenen Grunde recht veränderlich; die aus ihr erwachsende Sommergeneration prorsa L. besitzt nur in der schmalen Saumbinde einen Rest jener Grundfärbung, und auch der übrige weiß aufgeblaßte Grund wird von der stark verbreiterten schwarzen Zeichnung zu einer Mittelbinde eingeengt. Neben diesen typischen prorsa L. finden sich im Herbst vereinzelt Formen, welche ganz offenbar wie Zwischenformen der beiden Generationen aussehen: die Grundfarbe hat sich zu mittlerer Ausdehnung und auch in gelblich getönter Färbung gegenüber dem vordringenden Zeichnungsschwarz erhalten; dies ist die ab. porima O. Es zeigt sich nun, daß sich die Sommerform prorsa L. ziemlich leicht durch Kälteeinwirkung (etwa + 6° C) in die Übergangsform porima und weiter selbst in die Frühjahrsform levana umwandeln, wogegen sich diese umgekehrt nur äußerst schwer durch Wärme in die prorsa-Färbung zwingen läßt.

Man neigt daher, ob dieser größeren Widerstandsfähigkeit gegen Temperatureinflüsse zu der Annahme, daß die levana-Form die erdgeschichtlich ältere sei. Da diese Falterart ferner in den nördlichen Gebieten ihres Vorkommens (Sibirien, nördliche Inseln von Japan) nur in ihrer Winterform erscheint, nimmt man wohl an, daß sich die prorsa L. erst in der auf die Eiszeit folgenden wärmeren Erdperiode durch Ausbreitung der schwarzen Zeichnungselemente als Sommergeneration ausbildete und so zwischen je zwei Wintergenerationen zu liegen kam, und daß levana die ursprünglichere Form sei, wie sie zur Eiszeit in Mitteleuropa als alleinige Jahresgeneration gelebt haben möchte. Levana L. wäre somit die eigentliche Stammform, die Sommergeneration prorsa L. dagegen die später entstandene Klimaform. Es ist das eine Annahme, gegen die allerdings auch Gründe vorgebracht werden können.

Mit der Anwendung außergewöhnlicher Temperaturen auf das Puppenstadium haben sich nun die Versuche zur Herbeiführung neuer Formen nicht erschöpft. Es scheint, als ob unter Umständen auch ungewohnt hohe Feuchtigkeit das Falterkleid beeinflussen könne, in dem Sinne, daß sich die Zeichnungscharaktere nicht scharf ausprägen, sondern mehr oder weniger verschwommen und verwaschen erscheinen. So wenn Saturnia-Puppen zwischen Juni und Ende September sehr trocken liegen und dann mehrere Male stark angefeuchtet werden. Es entwickeln sich hiernach etwa 1% Falter jener Umprägung der Färbung 10—20 Tage nach dem Besprengen, während die anderen 99% über-

Im Garten und auf der Wiese zur Frühlingszeit 79

wintern. Vielleicht haben reichliche Niederschläge nach längerer Trockenzeit auch in der Natur diese Folge. Genügt nun die Zahl der sich so vorzeitig im Herbste entwickelnden Individuen, die Form fortzupflanzen, und vermögen sich die Entwicklungsstadien den ja wesentlich anderen Lebensbedingungen anzubequemen, so ist es möglich, daß diese Individuen den Ausgangspunkt für eine neue Entwicklungsreihe bilden. Diese Formen, denen die ganz verschiedene Erscheinungszeit eine Kreuzung mit den unverändert erhaltenen Angehörigen der Art nie gestattet, können dann Anlaß zu einer stetigen Varietät und im Laufe der Zeiten zu einer scharf geschiedenen Art werden.

Auch sonst hat man durch verschiedenartigste andere Mittel weiteren Einfluß auf die Ausfärbung der Schmetterlinge im Puppenstadium zu nehmen gesucht: in Auswahl bestimmte Strahlengattungen des Sonnenlichtes, eine nur aus Sauerstoff bestehende oder kohlensäureschwangere Atmosphäre, Elektrizität wie Schwerkraft, Narkose u. a. Die von manchen Autoren behaupteten Erfolge solcher Versuche werden z. T. für dieselben Arten energisch von anderer Seite bestritten. Und diese Experimente sind naturgemäß nicht auf die nach außen hin ruhenden Entwicklungszustände des Falterdaseins, auf die Puppe wie auch das Ei beschränkt, sie sind vor allem auch auf das bewegliche und gefräßige Raupenleben ausgedehnt worden, für welches zu jenen möglichen Einflüssen namentlich noch jener der Nahrung hinzukommt.

Als sehr regelmäße Folge einer Temperaturerhöhung (25°—30° C) und der infolgedessen wesentlich abgekürzten Fraßzeit der Raupe ergibt sich eine entsprechend erhebliche Größenverminderung des Falters. Es lieferte z. B. ein Pärchen der „Kupferglucke" (Gastropacha quercifolia L.), von dem das Männchen (♂) 58 mm, das Weibchen (♀) 89 mm Spannweite maß, bei 70 bis 85 Tagen Raupenzeit und 12 bis 15 Tagen Puppenruhe (die Raupe überwintert für gewöhnlich und verspinnt sich erst im

Juni, um den Falter im Juli—August zu entlassen) Männchen mit nur 35 bis 37 mm und Weibchen mit 36 bis 39 mm Spannweite. In anderen Fällen aber, wie bei dem „Kiefernspinner" (Lasiocampa pini L.), ergab ein Pärchen: Männchen 59 mm × Weibchen 74 mm bei 150 bis 172 Tagen des Raupenlebens und 25 bis 37 Tagen Puppenruhe eine Nachkommenschaft von Männchen 65 bis 68 mm, Weibchen 84 bis 86 mm Spannweite. Es zeigte sich hier also trotz der Erhöhung der Temperatur kaum eine Abkürzung der Ernährungsdauer verglichen mit der gewöhnlichen Entwicklungszeit, da von letzterer die Monate der Kältestarre während der Überwinterung abzurechnen sind. So wuchsen die Raupen unter der ihre Lebenstätigkeit fördernden, mäßig höheren Temperatur zu ansehnlicherer Größe heran, und mit ihnen ihre Falter.

Sonst haben sich weder in bezug auf die Gestalt, noch auf die Färbung für die verschiedenen Arten gleichsinnige Veränderungen bei dieser Versuchsanordnung ergeben. Auch was über den Einfluß ungewohnter Raupennahrung auf den Falter behauptet wird, bedarf noch einer sorgfältigen Nachprüfung. Ganz allgemein hat sich keinerlei Unterschied ergeben. Die Fütterung von „alles" fressenden (polyphagen) Raupen mit Blättern von Eisenhutarten (Aconitum), Walnuß (Juglans), Tollkirsche (Atropa belladonna), mit Rüben von Daucus carota, mit rohem Fleische, mit Pflanzen, welche in Wasser, dem Säuren, Alkalien, Farbstoffe und verschiedenste lösliche Salze reichlich zugesetzt waren, eingefrischt gehalten wurden, lieferte stets nur Falter, die oft genug eine Verkümmerung in der Größe und Farbtönung im ganzen erkennen ließen, nicht aber eine Verschiebung in den Elementen der Zeichnung.

Und wenn es auch möglich gewesen ist, z. B. Pikrinsäure, Eosin, Robin und Indigo in den Raupenkörper des Seidenspinners (Bombyx mori L.) derart überzuführen, daß eine entsprechende Umfärbung des Seidenfadens gelang: über irgend welche Veränderung der Falter selbst wird nirgend berichtet. Auch für diese Versuche wurden Maulbeerbaumzweige als Futter gereicht, die zuvor in bezüglich versetztem Wasser hinreichend lange gestanden hatten. Im übrigen ist es bei allen diesen Versuchen deswegen schwer, vielfach unmöglich, einwandfreie, d. h. eindeutige Ergebnisse zu erhalten, weil es nicht wohl zu erreichen ist, die Summe aller übrigen Einflüsse bis auf den jenem Experimente zugrunde liegenden völlig gleich zu halten. Es ist ganz selbstverständlich, neben der oder den Versuchszuchten wenigstens eine Zucht, ev. desselben Eigeleges, unter möglichst natürlichen, sonst gleichen Bedingungen zu führen, um die späteren Falter zu vergleichen. Aber auch dann könnte z. B. die verschiedene Feuchtigkeit der Luft in den Zuchtgefäßen, welche in Abhängigkeit von dem unterschiedlichen Wassergehalt der Versuchspflanzen stehen würde, einen Einfluß der abweichenden Nährpflanze vortäuschen.

Wir besitzen zu alledem bereits eine sehr umfangreiche Literatur, obwohl sie sich fast nur auf einige bevorzugte Falter- und wenige Käfergruppen beschränkt. Sie ist aber zu einem ganzen Teile wissenschaftlich recht wertlos. Sollen diese Versuche, deren sich auch für den jüngeren Züchter ein schier unerschöpfliches Arbeitsfeld bietet, einer wissenschaftlichen Nutzbarmachung dienen, bedarf es jedesmal fortgesetzter genauester Aufzeichnungen über alle Begleitumstände.

Wir haben nunmehr ein ganz Weniges von den Mitteln zu erkennen vermocht, mit welchen die Natur Aberrationen, Varietäten und aus diesen wohl auch getrennte Arten schafft. Wir würden aber einer höchst einseitigen, falschen Auffassung verfallen, wollten wir die Veränderlichkeit (Variabilität) der Arten nur von dem Erfolge jener Experimente aus betrachten. Und es trifft sich besonders günstig, daß wir unseren Sammeleifer gerade jetzt im Garten in den Dienst dieses Wunsches stellen können, weiteres über die Variabilität der Arten zu erfahren. An jener Gruppe von Pflaumenbäumen, deren zartes Laub bereits unter dem Blattlausbefall mißgestaltet erscheint, werden wir gewiß nicht vergebens nach jenen munteren Käferchen Umschau halten, denen wir schon begegnet sind: den Marienkäferchen (Coccinellen), welche dort ihrer Nahrung, den Blattläusen, nachjagen, und gleichzeitig für ihre Vermehrung besorgt sind. Wir beschränken uns auf eine einzige, an solcher Örtlichkeit oft in Mengen auftretende Art, den Zweipunkt (Adalia bipunctata L.), um seinem Formenreichtum gebührende Aufmerksamkeit schenken zu können.

Die beiden ersten „Marienkäferchen", welche vor der Mittagssonne geschützt unter einem Blatte nebeneinander ruhen, können nicht wohl derselben Art angehören; wir erkennen aber das eine an seiner rot-orangenen Grundfarbe und dem einzelnen schwarzen Flecken auf jeder Flügeldecke sofort als eine typische bipunctata L. Nun ist es durchaus keine Seltenheit, daß Coccinellen scharf getrennter Arten, oft in Scharen, miteinander vergesellschaftet vorkommen. So bitte ich, zunächst nur meine Autorität als Zeugnis dafür in die Wagschale legen zu dürfen, daß auch das andere Stück, das bis auf jederseits vier rötliche Flecken schwarz erscheint, eine zweifellose bipunctata-Form ist. Wir suchen gemeinschaftlich weiter, nunmehr auch an anderen blattlausbesetzten Obstbäumen des Gartens, auch an den Stachel- und Johannisbeersträuchern, welche ihre ungeladenen Gäste durch leicht rötlich gefärbte blasenförmige Stellen der Blattflächen verraten.

Und unter den Hunderten, welche ich als zu der gleichen Art bipunctata L. gehörend nenne, sind es stets wieder neue Färbungen, die sich aber mehr oder minder um jene beiden ersten Hauptformen zu ordnen pflegen. Diese blattläusefressenden (zoophagen) Coccinellen zählen als Vertilger arger Kulturschädlinge unter die nützlichsten Insekten. Wir werden uns daher um so mehr hüten, von unseren kleinen Freunden im Kampfe gegen die Blattlauswüstlinge mehr zu töten, als das wissenschaftliche Ziel der Untersuchungen zu rechtfertigen vermag.

Wünschen wir uns nur einen Überblick über die Formenreihe zu sichern, wählen wir einfach die unser Interesse erwecken-

Im Garten und auf der Wiese zur Frühlingszeit

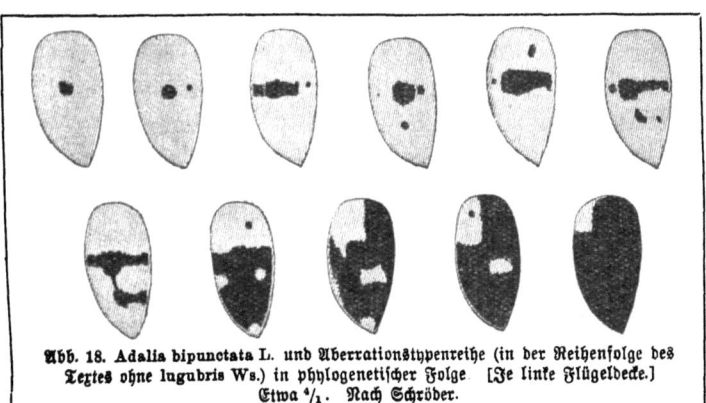

Abb. 18. Adalia bipunctata L. und Aberrationstypenreihe (in der Reihenfolge des Textes ohne lugubris Ws.) in phylogenetischer Folge. [Je linke Flügeldecke.] Etwa ⁴/₁. Nach Schröder.

den Stücke für die Sammlung aus. Es kann aber größeren Wert besitzen festzustellen, in welchem Häufigkeitsverhältnis die einzelnen Formen auftreten. Dieses ist weder an verschiedenen Örtlichkeiten, noch an derselben für verschiedene Jahre dasselbe. Da die nach der Prüfung in die betreffende Örtlichkeit zurück= versetzten Tiere den Einblick in diese Verhältnisse erheblich trüben würden, weil sie ja alsbald wieder gefunden und gezählt werden könnten, wäre es für jene Zwecke erforderlich, die einmal vermerk= ten Tiere — lebend — zu sammeln und in einem hinreichend ent= fernten Gebiete wieder frei zu lassen. Wollen wir uns aber die Hilfe dieser Nützlinge für den Garten erhalten, müßten wir sie für die Dauer der Beobachtungen in der Gefangenschaft mit blatt= läusetragendem Laube füttern.

Die Durchsicht von 424 Individuen, welche ich im Frühjahre 1901 aus Puppen züchtete, die ich in meinem Garten zu Itzehoe gefun= den hatte, ergab folgende Verteilung der Imagines auf die ein= zelnen Formen: bipunctata L. 287, Herbsti Ws. 10, unifasciata Fabr. 6, perforata Marsh. 0, Adelae Schr. 2, Olivieri Ws. 0, pantherina L. 1, semirubra Ws. 3, 6-pustulata L. 91, 4-maculata Scop. 21, sublunata Ws. 3, lugubris Ws. 0 Individuen (Abb. 18).

84 Im Garten und auf der Wiese zur Frühlingszeit

Diese bunt durcheinander auftretenden Zahlen gewähren nur einen mühsamen Überblick über die Häufigkeit der verschiedenen Formen. Ihn erleichtert schon die Zurückführung jeder Zahl auf 100 (das prozentuelle Verhältnis), z. B. für die 287 bipunctata L. nach der Proportion $424 : 287 = 100 : x$; $x = \frac{287 \cdot 100}{424} = 67{,}69\%$. Die Reihe würde damit weiterhin beziehentlich ergeben: 2,36%; 1,41%; 0%; 0,47%; 0%; 0,24; 0,71%; 21,46%; 4,95%; 0,71%; 0%.

Mit den Fortschritten der experimentellen Forschung aber ist man zu einer um vieles anschaulicheren (graphischen) Darstellungsweise solcher Verhältniswerte übergegangen, indem man sie in einer Kurve darstellt. Diese wird, wie in der „analytischen Geometrie", auf zwei einander rechtwinklig schneidende Gerade bezogen, die sog. Koordinaten, deren eine (wagerechte) man als Abszisse, die andere (lotrechte) als Ordinate bezeichnet. Auf diesen Achsen werden die Größen, deren Beziehungen verglichen werden sollen, in diesem Falle die Formenglieder der bipunctata L. und ihre Häufigkeit, als Einheiten abgetragen. Wir wählen die Abszisse für die Formenreihe, deren wir zwölf unterschieden haben. Die Reihenfolge derselben ergibt sich aus einer späteren Überlegung; sie ist obige.

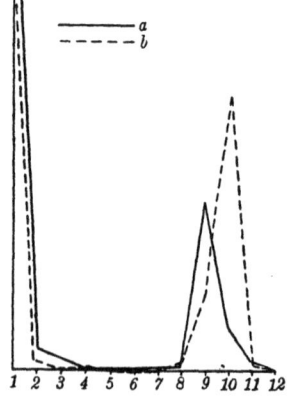

Abb. 19. Häufigkeitskurven der Adalia bipunctata-Formen *a* bei Itzehoe (1900), *b* bei Potsdam (1906). Orig.

Die einzelnen Formen können durch die Zahlenreihe 1 bis 12 gekennzeichnet werden, welche in gleichen Abständen auf der Abszisse vermerkt sind (Abb. 19). Auf der Ordinate dann die Häufigkeitszahlen, vom Schnittpunkte der Koordinaten an gerechnet, als Endpunkte entsprechend langer Strecken. Errichtet man nun in diesen Punkten und jenen der Abszisse die Senkrechten

Im Garten und auf der Wiese zur Frühlingszeit

(oder anders gesagt, konstruiert man durch sie die Parallelen je zur anderen Achse), so bilden deren Schnittpunkte Punkte der Kurve, die man einfach geradlinig zu einer gebrochenen „Kurve" verbinden, in anderen Fällen auch zu einer eigentlichen krummlinigen Kurve abgerundet ausziehen kann. Ein einziger Blick auf die Kurve genügt, um zu erkennen, welche der bipunctata-Formen vergleichsweise am häufigsten (als Maximum) auftritt, welche weniger oft, welche am seltensten (als Minimum). Wünschen wir mit diesen Häufigkeitsverhältnissen, z. B. jene an einer Örtlichkeit bei Potsdam 1906 zu vergleichen: 646 untersuchte Individuen mit 331 bipunctata L., 8 Herbsti Ws., 0 unifasciata Fabr., 2 perforata Marsh., 0 Adelae Schr., 0 Olivieri Ws., 0 pantherina L., 7 semirubra Ws., 61 6-pustulata L., 235 4-maculata Scop., 2 sublunata Ws., 0 lugubris Ws., so sagt uns die in gleichen Einheiten zu der ersteren gezeichnete Kurve sofort die Unterschiede in bezug auf die Verbreitung der Formen an der anderen Örtlichkeit. Für die bipunctata L. fällt hierbei besonders das unterschiedliche Verhalten der 6-pustulata L. und 4-maculata Scop. auf.

Würden wir in der Lage sein, etwa das Klima der verschiedenen Orte bei diesen Vergleichen in seine bedingenden Elemente zu zerlegen, so möchte es gelingen, aus ihnen den Faktor zu bestimmen, welcher jene verschiedenartige Verbreitung der beiden Formen bewirkte. Vorausgesetzt naturgemäß, daß jene Variabilität überhaupt in Abhängigkeit von klimatischen Elementen steht, und nicht, wie bei den bipunctata-Formen, rein aus im Organismus begründeten Ursachen entspringt.

Warum nun alle diese höchst ungleich aussehenden Käfer derselben Art angehören? Wir haben beim Einsammeln bereits die verschiedensten dieser Formen in Paarung beobachtet und hätten uns durch die Aufzucht der späteren Eiablage überzeugen können, daß sich die Nachkommen bestens zu entwickeln vermögen. Ganz sicher würde uns allerdings die einzelne Beobachtung einer solchen Paarung nicht zu der Auffassung geführt haben, in den betr. beiden Tieren Artgenossen zu sehen. Auch in der Natur kommen Kreuzungen verschiedener Arten, wenn auch sehr selten, vor; in größerer Zahl sind sie experimentell bei der Aufzucht in der Gefangenschaft gelungen und haben äußerst vereinzelt selbst fruchtbare Bastarde ergeben. So pflegt man jetzt in den Artbegriff jene Formen zusammenzufassen, die in bestimmten, vergleichsweise konstanten Eigenschaften untereinander übereinstimmen. Die Feststellung der Merkmale, die als wesentlich für die Kennzeichnung einer Art zu betrachten sind, beruht im übrigen auf einer für die verschiedenen Tiergruppen nicht gleichmäßigen Übereinkunft. Sie kann daher mit dem Fortschreiten unseres Wissens Änderungen erfahren, die wir für Berichtigungen erachten; sie kann deshalb auch einer sehr unterschiedlichen Auffassung begegnen.

So werden die in Deutschland vorkommenden Habichtskräuter von einem Forscher auf 52 Arten, von einem andern auf 106, von einem dritten auf über 300 verteilt. Diese Unsicherheit in der Abgrenzung der Arten (und zugleich der übergeordneten systematischen Einheiten) beruht nicht so sehr auf der Meinungsverschiedenheit über das, was als wesentliche Merkmale für die Kennzeichnung der betr. Art zu betrachten sei, als auf der Veränderlichkeit der Arten, wie wir sie an der Ad. bipunctata L. kennen gelernt haben. Es wird kaum möglich sein, zwei Menschen zu finden, die einander völlig gleichen. Schwerer wird es uns schon, Menschen einer anderen Rasse und ungewohnter Physiognomie (z. B. Neger) individuell sicher zu unterscheiden. Noch weniger leicht wird dies dem oberflächlichen Beobachter für die höheren Tiere. Aber selbst so kleine Tiere wie die bipunctata L. zeigen auch in der gleichnamigen Form eine bemerkenswerte Veränderlichkeit, die uns z. B. bezüglich der Ausdehnung des schwarzen Flecken auf dem orangefarbenen Grunde nicht hat entgehen können. Die Artzusammengehörigkeit all dieser Tiere zu einer einzigen Art bipunctata L. wird keinen Augenblick zweifelhaft sein; wir zögern

Im Garten und auf der Wiese zur Frühlingszeit

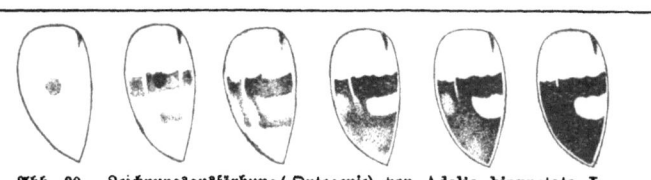

Abb. 20. Zeichnungsausfärbung (-Ontogenie) von Adalia bipunctata L. var. semirubra Ws. Etwa $^4/_1$. Nach Chr. Schröder.

nicht, die variable Größe des Fleckens als einen unwesentlichen Unterschied anzusprechen.

Doch Formen, wie die zwei erstgefundenen: bipunctata L. und 6-pustalata L.? In der Tat konnte nur die weitere Beobachtung ihre Artzusammengehörigkeit sicher stellen. Zunächst die unbegrenzt fruchtbare Nachkommen erzeugenden Paarungen zwischen ihnen (und den weiteren Formen). Dann aber auch als gleichwertig das Auffinden einer lückenlosen Folge von Übergängen (Abb. 18) zwischen beiden und über beide hinaus zu einer fast zeichnungslosen, orangeroten Abweichung bzw. zu der lugubris Ws., bei der die schwarze Zeichnung die Grundfarbe völlig verdrängt hat. Daß diese Folge von Zeichnungsbildern auf der wenig veränderlichen Grundfärbung nicht etwa einer entsprechenden Reihe von naheverwandten Arten zugehört, erweist einmal die vollkommene Lückenlosigkeit der aufgefundenen Übergänge, zudem die Beobachtung, welche wir bei der Ausfärbung z. B. einer eben der Puppe entschlüpften semirubra Ws. gewinnen (Abb. 20).

Es ist 3^{21} Uhr nachmittags; das Tier erscheint weiß, leicht gelblicher Tönung und völlig zeichnungslos. Um 5^{32} Uhr tritt an der Innenecke des Flügeldeckengrundes schwach ein kurzer Strich als erstes Zeichnungselement auf, um 5^{46} Uhr die erste Andeutung des typischen bipunctata-Punktes. 6^{20} Uhr hat die Zeichnung eine Ausdehnung zu dem Umfange erfahren, den die Abbildung 20b wiedergibt; der genannte Fleck erscheint quer zu zwei benachbarten, noch getrennten Punkten hin bindenartig verbreitert, ein vierter Fleck unter ihm (nach der Flügeldeckenspitze hin) kaum sichtbar. Um 7^{16} Uhr läßt die Zeichnung die fernere Zunahme der Skizze 20c erkennen, um 9^{48} Uhr desselben Tages jene von 20d, um 11^{50} Uhr von 20f; inzwischen hat auch die Grundfarbe allmählich eine ausgesprochen rötliche Nüancierung angenommen. Am anderen Morgen 7^{12} Uhr ist die Ausfärbung beendet; die vorher stellenweise noch blaßschwärzliche Zeichnung erscheint nunmehr überall tiefschwarz.

Die Ausfärbung der semirubra Ws. beginnt demnach mit der bipunctata-Zeichnung und dehnt sich von ihr über die ganze Reihe der natürlichen Zwischenformen zu jener aus. Diesen gleichen Weg wiederholen mehr oder minder deutlich auch die der schwarzen lugubris Ws. näherstehenden Formen, deren Ausfärbung nur noch über das semirubra-Stadium hinaus geht. Eine solche individuelle Entwicklungserscheinung bezeichnet man als eine ontogenetische und dehnt diesen Begriff der Ontogenie auf die individuelle Entwicklung für den gesamten Organismus, alle Eigenschaften desselben aus. Demgegenüber versteht man unter Phylogenie die stammesgeschichtliche Entwicklung, d. h. die Entwicklung, welche die „Vorfahren" der Art (bzw. ihre übergeordneten systematischen Einheiten) im Laufe der Erdgeschichte bis zu ihr genommen haben. Während also die Ontogenie der Beobachtung zugänglich ist, muß die Phylogenie immer den Charakter einer Annahme (Hypothese) behalten und kann nur mehr oder minder auf Wahrscheinlichkeit ihres Inhaltes, von „Stammbäumen" u. a. Anspruch erheben. Je unterschiedlichere Tiergruppen sie so in verwandschaftliche Beziehungen zu bringen trachtet, desto leichter verliert sie dabei den Boden wissenschaftlich wertender Erkenntnis. Entwicklungsschemen „vom Bazillus zum Menschen" sind noch immer ziemlich müßige Spekulationen.

Soweit nicht paläontologische Funde für den phylogenetischen Gedanken eine Stütze bieten, sieht sich dieser wesentlich auf die

Ergebnisse der vergleichenden Anatomie und eben der Ontogenie angewiesen. Das sog. „Biogenetische Grundgesetz" bringt die Onto- und Phylogenie in Beziehung zueinander durch seine Behauptung, daß erstere, also die individuelle Entwicklung, von der Eizelle an eine kurze, gedrängte, durch Vererbung bedingte, in nachträglicher Anpassung an neue Lebensbedingungen veränderte Wiederholung der erdgeschicht-

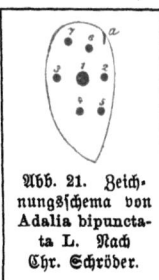

Abb. 21. Zeichnungsschema von Adalia bipunctata L. Nach Chr. Schröder.

lichen Vorfahrenreihe sei. D. h. auf unsere Beobachtung bezogen: der Ausfärbungsvorgang z. B. der semirubra Ws. würde die Zeichnungsstufen wiederholen, welche die Ahnen dieser Form im Laufe der Zeiten zurückgelegt haben, nachdem sie sich einmal von der Stammform bipunctata L. getrennt hatte. Eine solche Veränderlichkeit, bei welcher die weitest getrennten Formen lückenlos durch Zwischenglieder verbunden sind, bezeichnet man als **fluktuierende Variabilität**.

In jener geübten Beschränkung für die Kennzeichnung der Variationsbreite der gesamten bipunctata-Reihe durch zehn ihrer Formen liegt eine um so größere Willkür, als das Vorkommen von in Einzelheiten auch außerhalb dieser Reihe liegenden Abänderungen schier unübersehbar groß ist. Einige dieser vereinzelter auftretenden eigenartigen Zeichnungsformen scheinen gänzlich außerhalb des Rahmens der bipunctata-Reihe zu liegen und sich in ihren Elementen keineswegs der 6-pustulata L. anzuschließen. Und doch ist es möglich, alle diese, alle überhaupt gefundenen und als Voraussage alle je zu beobachtenden Formen auf ein einziges Schema von schwarzen Zeichnungselementen zurückzuführen: auf jenen Basalstrich a (Abb. 21) und sieben punktartige Flecken, die in der Reihenfolge nacheinander aufzutreten pflegen, welche die Zahlen angeben; doch nicht als zwangsweises Gesetz. Dadurch, daß diese Flecken mehr oder minder eine querbindenartige Verbreiterung erfahren (ähnlich Abb. 18: 3, 5, 6, 7), daß sich über die Querbinden der Punkte 7 bis 6 bis a, 3 bis 1 bis 2, 4 bis 5 teils Längsbinden vom Grunde zur Flügelspitze hin bilden (über 7 bis 3, 6 bis 1 bis 4, a bis 2 bis 5), daß diese Binden sich verbreitern und die Grundfarbe immer weiter verdrängen, die schließlich nur noch hie und da eine schmale Randzone am Flügelsaume zu behaupten vermag, in seltenen Fällen aber auch diesen Besitzrest gegen die Zeichnung verliert: dadurch entsteht die ganze Mannigfaltigkeit der bipunctata-Formen aus dem skizzierten Schema.

Ein entsprechendes Verhalten äußern die Färbungsverhältnisse auch aller anderen Insektenarten; ihre Veränderlichkeit mag größer oder kleiner sein. Stets ist es möglich, ein Zeichnungsschema abzuleiten, dem sich auch der geringfügigste Strich, der kleinste Fleck außerhalb des typischen Artbildes willig einordnet. Es sind eigentlich nur Haustierformen, bei denen die Zeichnungsverteilung eine regellosere ist. Sonst erweckt die Variabilität der Zeichnung den Eindruck einer bestimmt gerichteten Entwicklung. Sie erscheint also nicht in einem ordnungslosen Durcheinander von Färbungen, unter denen der „Kampf ums Dasein" seine Auslese hielte.

Uns würde aber eine sehr eigenartige Erscheinung der Variabilität unbekannt bleiben, wollten wir nicht jener gedenken, welche sich „sprungweise", d. h. unter Bildung von Formen äußert, die in einer mehr oder minder großen Summe von Merkmalen eine scharfe Trennung von der typischen Art erfahren. Zu diesen Merkmalen zählt die auch sonst im ganzen Tierreiche weit verbreitete Erscheinung des „Melanismus". Unter diesem Namen versteht man das Auftreten schwärzlicher Färbungen in gleichmäßiger Ausbildung über den ganzen Körper. Grundfarbe wie Zeichnung sehen aus, als ob die Natur mit nicht gänzlich deckender schwarzer Tusche über sie sorgsam hinweggestrichen hätte; die normale Zeichnung bleibt so, wenigstens bei schräge auffallendem Lichte, stets mehr oder minder deutlich erkennbar. Derartig ver-

Im Garten und auf der Wiese zur Frühlingszeit

dunkelte, unvermittelt und ohne Übergänge zur Stammform auftretende Abänderungen finden sich, durchweg als Seltenheiten, weit verbreitet im Tierreiche, besonders auch bei einer Reihe von Falterarten. Mit dieser Erscheinung sollte der „Nigrismus" nicht verwechselt werden, welcher zwar gleichfalls dunkler gefärbte Tierformen bezeichnet, die aber allein durch Verbreiterung der Zeichnung über die Grundfarbe entstehen. Im äußersten Falle können auch so völlig dunkle Tiere gebildet werden, wie wir es bei Ad. bipunctata L. verfolgt haben, deren Form lugubris Ws. einen Nigrismus darstellt.

Die strahlende Frühlingssonne hat nicht nur die Pflanzen- und Tierwelt unseres Gartens neu belebt; auch die Wiese, der Wald feiern ihre Auferstehung. Noch ist es kaum 9 Uhr morgens, und schon haben wir den im zartesten Grün prangenden Buchenwald erreicht, um einen Falter zu beobachten, der unter die augenfälligsten Arten unserer Fauna rechnet: den Nagelfleck (Aglia tau L.). Er verdankt seinen Namen dem weißen T in den Flügel-„augen". In den Morgenstunden schwirren die einfarben rostbraunen Männchen unruhigen, unberechenbaren Fluges in etwa 1 m Höhe über dem mit welkem Laube gedeckten Boden. Es erfordert besondere Geschicklichkeit, sie zu fangen; ein unbewegliches Verfolgen der Flugbahnen der Tiere mit den Augen, bis eines nahe kommt, um es dann mit schnellem Netzschlage zu erhaschen. Es wird überraschen, hierbei keinem der größeren, blassen Weibchen zu begegnen. Diese sitzen vielmehr still, meist nahe dem Boden, an den Stämmen und erwarten die Annäherung eines Männchens. Unsere Ausbeute wird daher besonders ergiebig werden, wenn wir uns neben einem Weibchen aufstellen und die anfliegenden Männchen nacheinander wegfangen. Wäre uns etwa gerade zu Hause um diese Zeit ein tau-Weibchen geschlüpft, hätten wir nicht versäumt, es als eine Art Köder für die liebestollen Männchen mitzunehmen.

Wir könnten nun in jenem Walde möglicherweise Hunderte von tau-Faltern prüfen, andere Hunderte aus Eiern von lebend eingetragenen Weibchen mit dem Laube von Buche, Birke, Erlen oder Eiche aufziehen, ohne eine nennenswerte Färbungsabweichung zu erhalten. Und doch variiert die Art, scheinbar aber mehr örtlich beschränkt, namentlich in bezug auf die Ausdehnung des schwarzen Farbstoffes außerordentlich. Neben der typischen Form des Männchens finden sich solche mit breitem schwarzen Saum und andererseits solche mit verbreiterten schwarzen Querlinien und hellem, nicht schwarz bestäubtem Saume, also weibchenähnlichere Formen (so bei Czernowitz, Bukowina); selten sind rauchig zimtbraune Aberrationen des Männchens. Das Weibchen kommt demgegenüber in zwei Formen vor: lebhaft rotockergelb und bleichockergelb; die Nagelflecken verlöschen bisweilen. Zu diesen gesellt sich eine „fast schwarze" Abänderung ferenigra Th.-Mieg., die, an verschiedenen Orten Mitteleuropas gefunden, durch eine mehr oder minder ausgeprägte Zunahme des Zeichnungsschwarz über die Grundfarbe hinweg hervortritt.

Dieser zu den Nigrismen zählenden Aberration steht die „schwarze" melaïna Gross gegenüber. Das Männchen erscheint außer in den Augenflecken, die verdüstert sind, rein schwarz, das Weibchen fast ebenso, außer an der Wurzel des Vorderrandes und der Spitze von Vorder- und Hinterflügel. Diese melanistische Form ist wiederholt bei etwa 800 m Höhe in Buchenwäldern der Voralpen Oberösterreichs gefangen worden.

Nach alledem, was der Einblick in die Variabilität dieser wenigen Arten gelehrt hat, bedarf es kaum noch des Hinweises, daß wir hier ein Gebiet gestreift haben, dem gerade auch die jugendliche Freude am Kerftierleben ihre Aufmerksamkeit schenken könnte: Durch Fang und Zucht, unter Bewahrung aller Angaben über die betr. äußeren Verhältnisse, so weit nur möglich umfassende Zusammenstellungen über die Veränderlichkeit der Einzelart zu gewinnen. Der wissenschaftliche Wert lohnt die Mühe. Zwar nur, wenn diese eine wirklich erhebliche Zahl von Tieren nachgeprüft hat. Doch sollten nicht alle Stücke, welche nur zu erreichen sind, nutzlos getötet und gespeichert werden. Es genügt im allgemeinen das Häufigkeitsverhältnis z. B. bei der Aufzucht desselben Eigeleges oder für denselben Tag beim Einsammeln an der gleichen Örtlichkeit festzustellen und die nicht für die Ergänzung der Sammlung bestimmten Tiere später frei zu lassen. Nur bei argen Kulturschädlingen, die menschliche Selbstsucht zu vernichten trachtet, mag man anders verfahren.

Wir bedauern die Plötzlichkeit, mit welcher uns der Wunsch, unsere Kenntnis von der Veränderlichkeit der Arten zu bereichern, dem Garten entführt hatte. Aber, wir können zu der vielgestaltigen Mannigfaltigkeit seiner Kerftierwelt ohnedem nur für kurze Zeit zurückkehren, um nicht auf

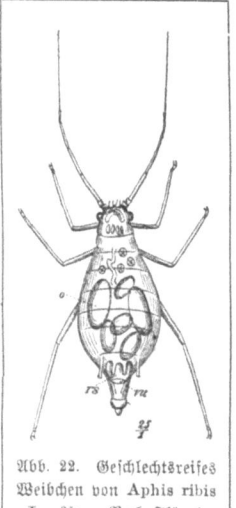

Abb. 22. Geschlechtsreifes Weibchen von Aphis ribis L. $^{25}/_1$. Nach Flögel.

unserem Wege durch die weitere Spanne des Jahres allzusehr beschränkt zu werden. Wie aufs Geratewohl pflücke ich nochmals ein Blatt der roten Johannisbeere, nahe der Triebspitze, mit mehreren jener hochroten Beulen, wie sie die Anwesenheit von Blattläusen (Aphis ribis L.) bewirkt hat. Wahrscheinlich sticht die aus dem Winterei geschlüpfte Stammutter (Abb. 22) im ersten Frühjahre das Blatt an, wenn es eben aus der Knospenumhüllung hervortritt. So führt die erste Entstehung der Mißbildung auf eine Zeit zurück, da das Zellgewebe noch sehr jung, streckungs- und teilungsfähig ist. Die Läuse stechen übrigens keineswegs einfach die Oberhautzellen des Blattes an, sondern senken ihre Saugborsten, vielleicht oft durch die Spaltöffnungen, weit tiefer in das Leitgewebe hinein. Im Stichkanal ist eine eiweißartige Substanz nachgewiesen, die zweifellos vom Tiere herrührt. Die Anwesenheit dieser fremden Substanz, nicht die unbedeutende Verwundung durch die Borsten, dürfte als Ursache für die Beulenbildung des Blattes zu gelten haben, wie auch die Verschiedenheit der Absonderungen („Sekrete") der Gallwespenarten den Formenreichtum ihrer Gallen bedingen wird.

Mit dem Mai beginnen die Blattbeulen zu erscheinen; nach dem Juli verschwinden die Läuse aus ihnen; die letzten Tiere fliegen fort, die Blattbeule ist leer geworden, nur noch Häutungsreste liegen darin oder von Parasiten besetzte abgestorbene Tiere. Die Mißbildung selbst aber bleibt erhalten, bis das Blatt im Herbst abfällt, um am Boden ein schützendes Obdach für Ohrwürmer, Holzläuse, Käfer und andere Kleintiere zu werden. Geschlechtstiere gehen aus den Insassen der Beulen niemals hervor. Es ist aber wahrscheinlich, daß die Art, um diese zu erzeugen, nicht einen Wechsel der Pflanze vornimmt. Zwar besitzen die unter der Blattbeule lebenden Tiere einen ausgesprochenen Geselligkeitstrieb, der sie hindert, andere Blätter aufzusuchen, die ihnen auch den Schutz der blasigen Mißbildung versagen würden.

Die Nachkommen aber, die von den ausgeflogenen Müttern späterer Generationen hervorgebracht werden, übernehmen von diesen das Bestreben, sich so weit wie möglich von den Geschwistern zu entfernen, die Ausbreitung der Art nach Möglichkeit zu bewirken. Infolge dieses eigentümlichen Umschlages in ihren Lebensgewohnheiten erwecken die ribis. L. auch einer sorgfältigeren Beobachtung den Anschein, als verschwänden sie zuzeiten. Denn die einzeln lebenden, sich durch keine pflanzliche Mißbildung verratenden, kleinen Blattläuse entgehen leicht der Aufmerksamkeit, zumal die Artbestimmung etwa gefundener Tiere schon aus Mangel an geeigneter Literatur schwierig ist. Auch ist erwiesen, daß die aus den Beulen abgeflogenen Stammütter niemals wieder Blattbeulen bilden. Nach allem wird also Aphis ribis wohl nicht zu den sog. wandernden Blattlausarten gehören, die in verschiedenen Lebenszuständen ihre Nährpflanze wechseln, vom geflügelten, parthenogenetisch und lebendgebärend sich fortpflanzenden (agamen) Stadium (Stammütter) aus andere Pflanzen auf-

Im Garten und auf der Wiese zur Frühlingszeit

suchen, an denen ihre Nachkommen Männchen und Weibchen erzeugen, deren Abkömmlinge wieder auf die erste Pflanze zurückkehren.

Einen solchen besonderen Generationswechsel, bei dem eine oder auch eine Folge parthenogenetischer Generationen von einer Geschlechtsgeneration unterbrochen wird, bezeichnet man als Heterogonie. Sie ist eine typische Erscheinung unter den Blattläusen. Im einfachsten Falle ist mit der Generationsfolge ein Pflanzenwechsel nicht verbunden; so voraussichtlich bei Aphis ribis L. Bei der Rosenblattlaus (Aphis rosae L.) entsteht aus dem Winterei eine ungeflügelte Frühjahrgeneration (Fundatrix). Aus ihr gehen parthenogenetisch geflügelte Sommergenerationen hervor, deren letzte als sexupare Generation unterschieden wird; sie erzeugt die Geschlechtsgeneration, die Sexuales. Diese finden sich nunmehr auf den verschiedensten Nährpflanzen. Eine andere Art, Aphis xylostei Schr., trifft man im zeitigen Frühjahr ausschließlich auf dem Geißblatt an. Die weiteren Generationen Mitte des Jahres verlassen diese Wirtspflanze jedoch und fliegen zum Schierling und anderen Schirmblütern über. Hier bleiben sie den Sommer hindurch.

Bei Beginn des Herbstes wandern sie wieder zum Geißblatt zurück. Erst dann wird die Geschlechtsgeneration erzeugt. Es ist hierbei also charakteristisch, daß die erste und letzte Generation nur auf dem Geißblatt — daher der Hauptwirt der Art — gedeihen können, während die zwischenliegenden außerdem auf Schirmblütern vorkommen. Ähnlich besitzt Aphis crataegi Kalt. als Hauptwirtspflanze den Weißdorn. Die mittleren Generationen dieser Art verlassen ihn aber stets, um auf Hahnenfußgewächse (Ranunculaceen) überzufliegen; auf solchen allein vermögen sie sich zu entwickeln. Später kehrt eine sexupare Generation zum Weißdorn zurück, um auf ihm die Geschlechtstiere hervorzubringen. Wir treffen also bei crataegi Kalt. bereits die hier zu den unumstößlichen Bedingungen der Entwicklung gehörende Wanderung an.

Einer fortgeschrittenen Gestaltung dieser Verhältnisse begegnen wir bei der **Gattung Pemphigus**. Die Arten dieser weit verbreiteten Gattung kennzeichnen sich durch eine sehr starke Wollausscheidung. Die Geschlechtstiere haben eine wesentliche Rückbildung erfahren: die Männchen sind klein, meist ohne Rüssel und Darmkanal; das Weibchen legt in der Regel nur ein einziges Winterei. So tritt die „**Eschen-Blattnestlaus**" (Pemphigus nidificus Löw) (z. Teil gleich Poschingeri Holzner) an der Unterseite von Eschenblättern auf, wo sie nestartige Mißbildungen verursacht. Die zweite Generation fliegt auf Weißtannen über und gibt an ihnen einer dritten Generation Entstehung. Aus dieser gehen ungeflügelte, larvenähnliche Läuse hervor, welche an die Wurzeln der Tanne herabsteigen. Dort entwickeln sie sich während verschiedener Generationen weiter als sog. „**Tannenwurzellaus**" (eben zunächst als besondere Art Poschingeri beschrieben). Im Oktober erscheinen unter ihnen geflügelte Individuen, welche wieder über die Erde heraufsteigen und zur Esche zurückwandern, um dort die Geschlechtsgeneration lebend zu gebären. Deren Weibchen legen je ein Ei ab, aus dem im nächsten Jahre die ungeflügelte Frühjahrsgeneration schlüpft. Diesen Entwicklungslauf bestimmt also namentlich der **streng zweipflanzige Wechsel** von der Esche hin zur Tanne, dazu ein eigener Aufenthaltswechsel von den Nadeln zur Wurzel an dieser.

Auch bei den Chermes-Arten verläuft der Generationswechsel im allgemeinen gleich verwickelt. Auch sie besitzen eine Wollausscheidung. Man trifft sie auf Tannen, Fichten und Lärchen an. An der Fichte z. B. bewirken sie die tannenzapfenförmigen Mißbildungen. Einen solchen besonders verwickelten Generationswechsel beobachten wir bei Gnaphalodes strobilobius Kalt. Den Hauptwirt dieser Art bildet die Fichte, ihr Zwischenwirt ist die Lärche. Die 3 mm große, grünliche, durch schneeweiße Wolle ausgezeichnete, ungeflügelte Frühjahrsgeneration lebt in Gallen; sie legt etwa 150 Eier grüner Färbung. Die geflügelten Gallenläuse auf der Lärche sind dunkelrot, ohne Wolle, nur etwa 1,7 mm groß; sie hinterlassen gegen 20 Eier an den Lärchennadeln. Den Entwicklungslauf beginnt die Art also an der Fichte. Von den Nachkommen wandert nur ein Teil und zwar zur Lärche. Die ungeflügelte Folgegeneration lebt am Grunde der Lärchenkurztriebe, ist frei von Wollausscheidungen, metallschimmernd. Sie läßt weiterhin Nachkommen entstehen, die teils im Larvenstadium verharren und sich so bis zum nächsten Jahre verkriechen, zum anderen Teile, nur 1 mm groß, im Besitze einer Wollbedeckung, später eine sexupare Generation erzeugen, die schwärzlich wie grünlich, geflügelt und etwa 1,5 mm groß mit Wollausscheidung erscheint und zur Fichte zurückfliegt, um 5—10 rotgelbliche Eier an die Unterseite der Nadeln zu heften. Aus diesen erst schlüpft dann die Geschlechtsgeneration mit gelblich-olivengrünen Männchen und mehr orangegelben Weibchen.

Die Menge der Insektensammler hatte sich von jeher den farbenfreudigeren, formenreichen Schmetterlingen und Käfern zugewendet; den unscheinbaren Blattläusen fehlte es an Beachtung, sofern sie sich nicht als Schädlinge den Haß und die Verfolgung des Menschen zuzogen. Daß aber gerade sie der ernsten Beobachtung eine Fülle der interessantesten Erscheinungen in der erwähnten und in vielen anderen Beziehungen bieten, in die wir erst im letzten Jahrzehnt begonnen haben, uns zu vertiefen, sei unterstrichen.

So würde ein jeder, auch der kleinste der zahllosen Kerfe, welche den Garten tagtäglich neu bevölkern, unserer Aufmerksamkeit wert sein. Wir müssen von ihm scheiden, ehe denn die Lenzespracht des blühenden Wiesenteppichs unter den heißeren Sommersgluten geschwunden ist. Aber, wie rüsten wir uns, um auf unseren weiteren Ausflügen die Beute einzutragen?

Hierfür bedarf es der Netze, Gläser, Schachteln, auch einer Pinzette, Lupe, etwa noch eines Pinsels. An Fangnetzen sind die mit vierfach zusammenlegbarem Stahlbügel besonders beliebt,

98 Im Garten und auf der Wiese zur Frühlingszeit

da sie bequem in der Rocktasche mitgeführt werden können. Doch sind sie weniger haltbar und im Gebrauch nicht so sicher wie die aus starkem einheitlichen Reifen. Der rund endende Sack des Netzes sei bei etwa 30 bis 35 cm im Durchmesser weitem Bügel gegen 40—50 cm lang und bestehe wenigstens für den Fang der sehr empfindlichen Falter möglichst aus Seidengaze (sonst Mull). Der Stock für das Netz messe $\frac{1}{2}$—1 m, sei leicht, aber steif. Streifnetze (Kätscher) bestehen aus einem derben, nicht biegsamen Stahl= oder Eisenreifen von etwa 40 cm Durchmesser mit einem aus dichtem, glattem, möglichst zähem aber nicht steifem Stoffe gefertigten Beutel, welcher daher am besten aus guter Rohleinwand hergestellt ist und nach unten stärker verjüngt, doch gleichfalls abgerundet wird. Als Stock wähle man einen besonders kräftigen, kürzeren.

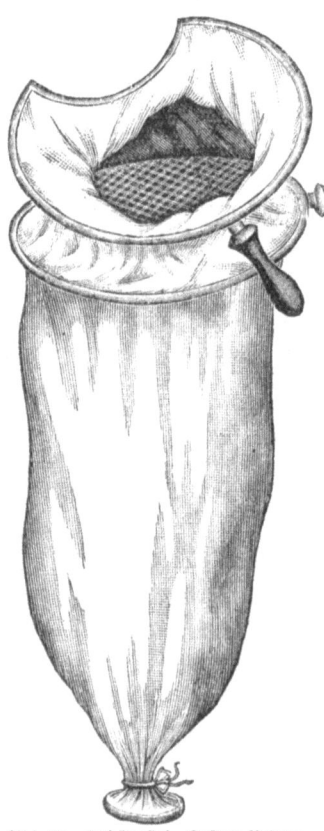

Abb. 23. Insektensieb. System Reitter. Etwa $\frac{1}{8}$. Nach Winkler-Wagner.

Wenn man mit einem solchen Kätscher den Pflanzenwuchs abstreift, sichert man sich nicht selten eine überraschend große Ausbeute. Da die Abnutzung des Sackes hierbei sehr rasch erfolgt, nehme man auf Reisen mehrere Ersatzbeutel mit. Für den Fang von Wasserinsekten bedient man sich gleich zugerichteter Netze, deren Beutel jedoch aus starkem „Stramin" von etwa 1 mm Maschenweite besteht. Um die Fauna höherer Gewächse, z. B. von Büschen,

Im Garten und auf der Wiese zur Frühlingszeit

schneller und zugleich die Örtlichkeit in gewisser Vollständigkeit zu erhalten, bedient man sich auch des Klopfschirms. Dieser besitzt ein Gestell nach Art eines starken Regenschirmes möglichst mit umlegbarem Stock und trägt einen Überzug aus starkem Zeug und ein über die inneren Drahtstäbchen gespanntes Futter aus hellem dünnen Stoff.

Für das Einsammeln kleiner Bodeninsekten leisten Siebe vorzügliche Dienste (Abb. 23). Zwei kräftige Eisenreifen von etwa 30—40 cm Durchmesser sind durch starke Leinwand derart verbunden, daß sie eine etwa 30 cm hohe Trommel bilden, in welche das zu siebende Material (Laubabfall, vom Reisighaufen, Moospolster, Pilze, Genist vom See- und Meeresstande u. a.) vorsichtig getan wird. Der untere von den beiden Reifen wird mit einem Drahtsieb von etwa 7—8 mm Maschenweite überspannt und trägt außerdem eine etwa 60 cm lange, sackförmige Fortsetzung der erwähnten Leinentrommel. Dieser Beutel kann unten durch einen sog. Zug geschlossen oder nur mittels einer Schnur zugebunden werden. Wird dieses Sieb nach der Füllung ordentlich geschüttelt, so fällt alles, was die Maschen des Siebes zu passieren vermag, hierunter das Kleinvolk der Käfer, als „Gesiebe" in den unten zugebundenen Sack. Aus diesem schüttet man es in Leinensäckchen zum Mitnehmen. Zu Hause streut man das Gesiebe in Teilen nacheinander unmittelbar am geschlossenen Fenster auf weißem Papier aus, um die sich bewegenden Tierchen — sehr zarte mit dem schwach befeuchteten Pinsel — herauszunehmen. Besonders flüchtige Tiere eilen fast ausnahmslos zum Fenster, wo sie nicht entgehen können. Manche Formen stellen sich tot, d. h. verfallen in Muskelstarre mit angezogenen Gliedmaßen und werden so leicht übersehen.

Die Mühe des Aussuchens ist immerhin zeitraubend. Man hat daher eine ganze Reihe selbsttätiger Siebverfahren ersonnen. Z. B. bringt man das grob ausgesuchte Gesiebe wieder in Säcke und läßt es in diesen einige Tage liegen, so daß sich die kleinen und trägen Tierchen, durch das allmähliche Austrocknen des Gesiebes vertrieben, entweder über oder unter demselben an der Leinwand des Beutels ansammeln. Oder: eine dicht schließende Holzkiste wird innen mit einer Mischung von Kalk und durch Petroleum verdünntem Terpentin überstrichen. Unter einem Loche am Boden steht dicht anschließend ein durch ein Sieb gegen die Kiste abgesperrtes Glas, in das, abhängig von der Maschengröße, nach und nach alle kleineren Tiere fallen. Entweder muß es häufig nachgesehen werden, damit sich die gefangenen Insekten nicht gegenseitig verletzen, oder es muß zur Hälfte mit Alkohol gefüllt sein. Besonders zarte Insekten werden allerdings bei dieser etwas summarischen Methode des Siebens leicht verletzt; man kann diese schonen, indem man das Material über einem weißen Leinentuche oder dem Schirme mit der Hand leicht durchstreift.

Einen Teil der Ausbeute wird man für die Sammlung, einen anderen für die Weiterzucht verwerten wollen. Erstere pflegt man alsbald, meist im Cyankaliglase, zu töten. Als solches benutzt man ein zylindrisches Glas aus starkem, gegossenem Material mit flachem Boden, wie es auch als „Sammelglas" dient. In das Glas legt man Cyankali in Gipsmehl, um es dann in Gipsbrei einzugießen. Aber auch wenn das schwere Gift so nicht direkt erreichbar ist, bleibt doch ein solches Tötungsglas in jugendlicher Hand nicht ungefährlich; Verletzungen z. B. der Hand am zerbrochenen Glase können sofort tödlich wirken. Einige Tropfen Chloroform, auf die Filtrierpapierstreifen im Glase getan, genügen zu töten. Aber auch dieses Gift hat seine Bedenken, wenn es auch nicht feuergefährlich ist wie der Schwefeläther, den man gern verwendet. Ein großer Teil der Ausbeute, hauptsächlich die Käfer und alle jene Objekte, die später nicht gespießt werden sollen, aber auch die Mehrzahl der anderen Gruppen bis auf sehr feinflüglige, dicht und langbehaarte, zart beschuppte Tiere, insbesondere bekanntermaßen die Falter, kann man in reinen Alkohol von etwa 70%, auch wohl in eine Mischung von Alkohol mit Form-

Im Garten und auf der Wiese zur Frühlingszeit 101

aldehyd=Wasser (1:10) tun. Die Käfer sollen im Cyankaliglase nicht zu lange bleiben, da sie sonst brüchig werden und manche ihre Farbe verändern. Nicht zu große und dickleibige Schmetterlinge kann man auch schnell und schmerzlos töten, indem man ihre Brust (zwischen Daumen und Zeigefinger) seitlich zusammendrückt. Diese und andere leicht verletzbare Kerfe nadelt man an Ort und Stelle und steckt sie dann in nicht zu große Sammelschachteln aus Holz, starkem Karton oder Blech, die, vielleicht mit einem Tragriemen versehen, gut schließen und mit weicher Bodendecke aus Agavemark oder sog. Insektentorf belegt sind. Das Nadeln sehr kleiner Insekten, z. B. der Kleinschmetterlinge („Motten"), zartester Zweiflügler erfordert große Sorgfalt und geschieht daher besser in der häuslichen Ruhe, zumal diese Formen sofort im Anschlusse an ihre Tötung weiter präpariert werden müssen; sie werden sonst sehr bald zu steif. Für diese Tierchen und alles andere, das wir lebend mitzunehmen wün=

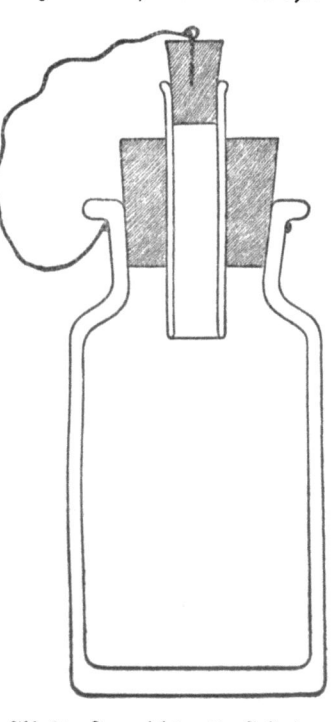

Abb. 24. Sammelglas mit „Fallenverschluß". Etwa $1/2$. Nach Handlirsch.

schen, wie Larven, Puppen, Gallen, Weibchen für die Eiablage, bedienen wir uns der Sammelgläser nach Art des Tötungsglases oder von der Form weithalsiger „Pulvergläser" verschiedener Größen von 8:3 bis etwa 14:6 cm und einer Anzahl verschieden weiter, kleiner zylindrischer Glastuben mit flachem Boden. Als Verschluß dienen meistens gute Korke. Namentlich für die größeren Gläser aber haben sich Korken bewährt, durch welche ein etwa 1 cm weites, nach oben und unten etwas hervorragendes Glasröhrchen führt, das seinerseits wiederum außen durch einen Korken verschlossen gehalten wird (Abb. 24). Dieser kleinere Zugang zum Inhalt des weithalsigen Glases bringt den großen Vorteil, daß diesem durch ihn neue Gäste zugeführt werden können, ohne es im ganzen öffnen und die bereits gefangenen Kerfe dem Entrinnen aussetzen zu müssen, wenigstens dort, wo wir sie lebend heimnehmen wollen. Dann werden wir das Glasröhrchen durch einen Stöpsel aus loser Watte schließen.

Es ist zweckmäßig, den kleinen Korken mittels Bindfaden an dem großen oder dem Halse der Flasche zu befestigen, um seinen beständigen Verlust zu vermeiden. Soll eine größere Zahl von Insekten in demselben Glase mitgeführt werden, empfiehlt es sich, vorher einige zerknüllte Filtrierpapierstreifen in das Glas zu bringen, um einer gegenseitigen Beschmutzung und Verletzung der Tierchen vorzubeugen. Daneben tun Sammelbüchsen aus Zinkblech in verschiedener Größe und Form beste Dienste; ihr Deckel soll sehr dicht schließen und ein mit feinster Messinggaze gesperrtes Luftloch sowie eine mit Schieberverschluß versehene, mäßig große Öffnung zum jeweiligen Einlassen der Beute besitzen. Daß zudem auch alle möglichen anderen Arten Gläser, z. B. Einmachegläser, Schachteln einschließlich leerer Streichholzschachteln, Verwendung finden können, bedarf nicht des Hervorhebens. Es ist sehr oft mehr eine Angelegenheit der Kenntnisse, des Eifers, der Anlage für die Naturbeobachtung, eine wertvolle Ausbeute zu gewinnen, als der Ausrüstung mit kostspieligem Werkzeuge.

Das eine und andere Tier, so die in Aas und Kot lebenden, wird man wünschen, mit einer Pinzette zu ergreifen. Ob man für solche Zwecke eine gerade oder gebogene Pinzette wählt, wird ziemlich belanglos sein. Man achte aber darauf, daß außen die Griffstellen rund, innen die Spitzen fein scharf geriefelt sind und

Im Garten und auf der Wiese zur Frühlingszeit

diese genau übereinander greifen. An den Spitzen ausgehöhlte Pinzetten, dort auch von Löffelform, ermöglichen ein Erfassen der Tierchen, ohne sie an einem Körperanhang ergreifen zu müssen. Im allgemeinen aber wird sich die Pinzette durch die Finger bzw. einen Pinsel ersetzen lassen. Mit dem, wenn erforderlich, angefeuchteten Pinsel werden vorteilhaft gerade kleinste empfindliche Tiere aufgelesen. Es ist deshalb nötig, daß der Pinsel spitz zulaufe und aus weichen Haaren bestehe. In manchen Fällen können auch feine Grasblätter, Haare u. a. an seine Stelle treten.

An Lupen kommen für den Ausflug besonders die einschlagbaren in Frage; zu Hause wird man die Benutzung einer Stativlupe oft vorziehen. Für stärkere Vergrößerungen (bis etwa zehn- bis zwölffach) sollte man aplanatische Lupen wählen, die aus mehreren verkitteten Linsen bestehen, deren Vereinigung nicht nur farbige Störungen, sondern besonders auch Verzerrungen des Gegenstandsbildes näher dem Rande des Gesichtsfeldes bei der Betrachtung ausschließt.

Wir sind nunmehr ausgerüstet und machen uns voller Erwartung auf den Weg. Die Wiese mit ihrer Blütenpracht ist unser Ziel; vergebens bemühen sich die Pflanzenwelt und ihre Gäste am Wege dorthin, uns mit ihren mannigfaltigen Lockungen, zu sammeln und zu schauen, aufzuhalten. Wollen wir die Blüten und ihre vielgestaltenen Besucher kennen lernen, bedürfen wir der Stunden um den Mittag in strahlender Sonne. Wollen wir Ersprießliches leisten, müssen wir uns überall zu beschränken verstehen.

Und da stehen wir mitten in dem grünenden Gräsermeer der Wiese, das die bunten Blumenkronen reich beleben. Die kleine freundliche Maßliebe (Bellis perennis) deckt mit ihren weißen Sternblümchen stellenweise wie ausgesät den Boden; zu ihr gesellen sich die bald nirgend fehlenden großblumigen eidottergelben Löwenzahnpflanzen (Leontodon taraxacum); hochstenglige Hahnenfußgewächse (Ranunculus-Arten) und das demütig am Boden kriechende Fingerkraut (Pontentilla argentea) entfalten ihre leuchtend goldgelben Kronen, während sich die robustere Verwandte, die Dotterblume (Caltha palustris) mehr in dem niedrigeren nassen Teil zurückgezogen hält; neben den rein weißfarbenen Blüten stattlicher Steinbrechpflanzen (Saxifraga granulata) bergen sich bescheiden die weißen Sternchen des winzigen Hungerblümchens (Draba verna) auf dünnen Stielchen; und doch zählen sie die hohe Zierde der Wiesenflora, das Wiesenschaumkraut (Cardamine pratensis), mit seinen blaßlilafarbenen Blütentrauben zu ihren Familienverwandten, auch das in Gestalt sehr veränderliche, fast das ganze Jahr über weißblühende „Überallundnirgends", das Hirtentäschelkraut (Capsella bursa pastoris); das zarte Himmelblau der leicht abfallenden Kronen des Ehrenpreis (Veronica chamaedrys) wetteifert mit jenem der schlicht aufwachsenden Vergißmeinnichte (Myosotis-Arten); die niedrige blauviolett blühende Gundelrebe (Glechoma hederacea), die höhere weiße Taubnessel (Lamium album, auch purpureum) geben dem farbenfrohen Bilde ein weiteres Gepräge, das in der mannigfaltigen Farbeneinigung des dreifarbigen Veilchens (Viola tricolor) seinen Höhepunkt erreicht zu haben scheint; aber doch entgehen uns die purpurroten absonderlichen Blüten des Knabenkrautes (Orchis militaris) nicht, noch die lebhaft gelben, wohlriechenden Schlüsselblumen (Primula auricula L.), von welcher die ganze Fülle unserer schönen Gartenaurikeln abstammt, noch auch die große Schar der anderen Arten, die ihren Anteil an dem Blütenkleide wollen, mit welchem der Lenz den Wiesenboden schmückte. Jeder Blick lehrt uns neue finden.

Aber die Menge der Insekten an ihnen ist nach Individuen- und Artenzahl noch vielmal größer. Dort flattern Tagfalter („Weißlinge", der „Aurora-" und „Zitronenfalter", Vanessen u. a.) taumelnden Fluges von Blüte zu Blüte; Bienen summen in geschäftiger Eile zwischen vereinzelteren behäbigen Hummelweibchen und saugen und schaukeln bald hier bald da an einer Blüte, je dieselbe Pflanzenart verfolgend; ein ganzes Heer verschiedenster

Im Garten und auf der Wiese zur Frühlingszeit

Zweiflügler schwirrt in den Lüften, schwebt lautlos um die Blütensterne und setzt sich dann und wann auf ihnen nieder; und von all den anderen Kerfen kaum eine Gruppe, die nicht unter diesem lebensfrohen, buntfarbenen, vielgestaltigen Insektenvolke vertreten wäre.

Wir wissen, diese Welt von Kerftieren sucht ihre Nahrung, die einen Pollenstaub, die anderen Honig; wir wissen auch schon, daß sie gleichzeitig der Befruchtung, der Sicherung einer gesunden Samenbildung bei den Pflanzen, deren Gast sie war, dient. Aber es gibt auch hier Gäste, die der Dankespflicht vergessen, d. h. keine Bestäubung bewirken. Hierher zählen die vom Boden aufkriechenden Kerfe, die höchstens Selbstbestäubung durch Umherkriechen in derselben Blüte, nicht aber Fremdbestäubung durch Übertragen des Pollenstaubes auf eine andere Blüte herbeiführen können und zudem oftmals Staubblätter und Stempel zugleich abfressen. Um sie fernzuhalten, haben die Pflanzen mancherlei Vorrichtungen getroffen.

Der Diptam besetzt den Weg zu den Blüten mit schleimabsondernden Drüsen, die Pechnelke legt einen Leimring unter ihnen an, der viele ungebetene Kerfe abwehrt. Die kellerhalsblättrige Weide hüllt sich sogar in einen Wachsmantel, Disteln und rauhblättrige Pflanzen besitzen Borsten und steife Haare als Schutz; Brombeere, Rose, Berberitze u. a. tragen Stacheln, um sich insbesondere auch vor dem Besuche von Schnecken zu behüten. Die Beinwell und das Ackerleinkraut schließen einfach den Zugang zu dem die Befruchtungsorgane bergenden Innern, so daß schwache Gäste nicht hineinkönnen. Ähnlich geschieht dies beim Vergißmeinnicht durch die den Mund der Blütenröhre umstellenden fünf kahlen Schuppen, beim Ehrenpreis durch einen Haarkranz. So hat auch die Baumwolle im Innern der Röhre einen versperrenden Haarring; die zierlichen Haarpolster auf dem gespornten Blütenblatte des Veilchens und der zwei Nachbarblätter dienen derselben Aufgabe, zarte Insekten, welche die Fremdbestäubung nicht zu gewährleisten vermögen, abzuhalten. Die Kardeldiestel stellt ihre Stempel sogar in ein Näpfchen mit Wasser; manche Pflanzen haben sich ganz in dieses zurückgezogen, wie der Wasserhahnenfuß und das Tausendblatt.

Auch die langröhrigen Blüten der Schmetterlings- und Lippenblütler zielen auf die Auswahl geeigneter Gäste: Schmetterlinge, Bienen, Hummeln, die mit ihrem langen Saugrüssel den Honig am Grunde der Röhre mühelos zu gewinnen wissen. Den gleichen Zweck verfolgt der Sporn des Frauenflachses und der Veilchenarten; ebenfalls die Ausbildung der langen, durch Kronblätter und Staubfäden noch verengten Kelchröhren vieler Nelkenarten. Solche zu engen, langen Röhren ausgezogenen Blumen beschränken ihre Gäste auf gewisse Falterarten; denn auch die Mundteile der Bienen und Hummeln reichen nicht mehr bis zu deren Honigschätzen. Die aufgeblasene Silene erreicht die Abwehr unnützer Besucher dadurch, daß sie die ziemlich dünne Blüte in einen unverhältnismäßig weiten Kelch steckt, so daß den Kelch durchbeißende Insekten nicht bis an den Honig reichen können. Die starren, spitzen Blättchen, die unter dem eigentlichen Kelch, z.B. mancher Nelken, noch einen Außenkelch bilden, weisen gleichermaßen manche von unten ankriechenden Honigdiebe ab. Ein eigenartiges betreffendes Verfahren hat die Saubohne eingeschlagen, die auf ihren Nebenblättern Honig erzeugt, um diesen den beutelüsternen Ameisen preiszugeben und sie gesättigt zur Umkehr zu bewegen, ohne daß sie die Blüte selbst besucht hätten. Der Giftlattich trägt einen noch wirksameren Schutz in seinem klebrigen Milchsafte, der aus der sehr leicht verletzbaren Oberhaut quillt, sobald ein Tierchen beim Hinaufkriechen mit seinen Klauen durchgreift.

Oft genug aber werden auch die eigentlichen Bestäuber ihrer Dankespflichten gegenüber den nahrungspendenden Blüten untreu. Insbesondere sind es oft die Hummeln, welche der üblen Gewohnheit fröhnen, die Blüten kurzerhand von außen nahe dem Grunde anzubeißen, um den Honig so auf bequemstem Wege

Im Garten und auf der Wiese zur Frühlingszeit

zu erreichen. Anstatt wie etwa beim Leinkraut (Linaria vulgaris) die dicke samthaarige Unterlippe (den Gaumen) als Anflug- und zugleich Stützpunkt zu benutzen, welche durch ein scharnierartiges Gelenk mit der Oberlippe verbunden ist, so daß die anhängende schwere Hummel durch ihr Gewicht den Zugang zum Honig öffnet, der in den spornartigen Sack fließt, wie er den unteren Teil der seitlich gerichteten Kronenröhre fortsetzt. Aber noch reicht die Zungenspitze der Hummel nicht bis zum Honig im hohlen Sporn; das Tierchen muß erst Kopf und Brust gewaltsam in die Öffnung zwängen, um weiter hineindringen zu können. Verläßt es den Rachen, so schnappt die Unterlippe wieder zu, damit ungebetene Gäste nach wie vor abgehalten werden; der Rücken des Gastes ist dann mit Pollenstaub bedeckt, den er bei dem ferneren Besuche einer älteren Blüte an der die Staubblätter überragenden, kopfigen Narbe absetzt, so daß sich die Fremdbestäubung vollzieht.

Jene ungehörige Weise, sich des Honigs ohne das Entgelt der Fremdbestäubung durch Einbruch zu bemächtigen, wird namentlich dann lockend, wenn die Blütenröhre für die Zunge des Besuchers zu lang oder wenn die vorspringenden Kronenteile zu schwach sind, um den Körper des Besuchers zu tragen. Ich sah Jahre hindurch mehrere Beete niedriger Erbsen in meinem Garten fast ausnahmslos derart angebissen, die nur von Hummeln und Bienen beflogen wurden. Der Ertrag an Hülsen schien deswegen allerdings keine Beeinträchtigung zu erleiden; es ist nicht zweifelhaft, daß bei der Gartenerbse und manchen anderen Pflanzen auch die Selbstbestäubung, d. h. die Vereinigung des Pollenstaubes mit den Samenknospen derselben Blüte, hinreichenden Fruchtansatz liefert. Diese Selbstbestäubung würde sonst für die Mehrzahl der Pflanzen nur einen Notbehelf bedeuten, im Falle etwa durch anhaltendes regnerisches Wetter der Insektenbesuch einmal ausbleiben sollte. Übrigens aber vermag der Fruchtknoten der Erbse, wie ich durch frühzeitiges Entfernen der Staubgefäße und Einschließen solcher Blüten an der lebenden Pflanze (Verschluß durch losen Wattebausch) nachweisen konnte, auch parthenogenetisch, also ohne Bestäubung heranzuwachsen.

Je nach den Besuchern, auf welche der Blütenbau abzielt, unterscheidet man namentlich Hummel=, Bienen=, Falter= und Fliegenblumen. Während z. B. der rote Klee wesentlich von Hummeln erfolgreich besucht wird, reicht für den weißen die kürzere Zunge der Bienen aus. Überhaupt haben die meisten Lippen= und Schmetterlingsblütler Hummeln= und Bienenarten als bestäubende Freunde, ebenso die Glockenblumen, viele Kreuzblütler u. a. Die Nelken dagegen besitzen unter den Schmetterlingen ihre bevorzugten Gäste. Der Ehrenpreis und viele Doldenpflanzen schulden manchen Fliegenarten für ihre Bestäubung den Dank. Merkwürdig genug ist es, daß selbst Schnecken einzelnen Blumen, z. B. dem goldgelben Milzkraut (Chrysoplenium alternifolium), den Dienst der Bestäubung erweisen.

Was tun denn nun die Blumen, um ihre Besucher anzulocken? Die auf die Übertragung des Pollenstaubes durch Insekten abzielenden Blumen bildeten vom Grün des Laubes abweichende Farben der Krone, wie man anzunehmen pflegt, um den Besuchern das Auffinden der Blüte zu erleichtern. Jene mit dem Kelche zusammen vorerst dazu bestimmt, die inneren edlen Organe: Staubgefäße und Stempel zu schützen. Durch Unterdrückung jeder Farbstoffbildung und Ausfüllung der durchsichtigen Zellen mit Luft ließ sich die weiße Farbe erzielen. Mit dem schon bei niederen Pflanzen neben dem grünen Chlorophyll vorhandenen Xanthophyll und dem verwandten Karotin ließen sich verschiedene Stufen der Gelbfärbung gewinnen, mit dem in seinem Aufbau noch wenig geklärten Anthozyan je nach dem Verhalten des Zellstoffes rote, blaue und violette Färbungen.

Fehlt die Blumenkrone, was häufig genug vorkommt, wie bei der Tulpe, so muß der äußere der beiden Kreise, der Kelch, durch lebhafte Ausfärbung die Mühe des Anlockens übernehmen. Auch die Staubgefäße und selbst der Stempel können hierbei helfend mitwirken, wie wir es bei der Seerose und der Schwertlilie sehen Oft auch treten an den Blüten zwei Farben auf, die durch ihren Gegensatz in erhöhtem Maße auffallend und zugleich anlockend wirken könnten; so besitzen die weißen Blüten der Roßkastanie einen gelben Fleck. In anderen Fällen legen selbst die Hochblätter ein buntes Gewand um, um auch an der Aufgabe, die Aufmerksamkeit der erwarteten Besucher zu erregen, teilzuhaben; so beim Wachtelweizen.

Wie wir sahen, fehlt es aber auch nicht an·weißen Blüten. Ihre Zahl scheint in dem Maße zuzunehmen, wie der Insektenreichtum einer Gegend abnimmt. So kommen in Deutschland auf 10 farbige Blüten 5 weiße, in Lappland 8, in Grönland 10 und auf Spitzbergen gar 16. Diese Zahlen würden sich zur Begründung der Annahme verwerten lassen, daß die Blütenfarben aus der Wechselbeziehung mit den Insekten zu ihrer gegenwärtigen Schönheit entwickelt worden wären. Mit dieser Anschauung würden wir zwar den althergebrachten, eitlen Wahn aufgeben, als sei die Welt, die Erde und all ihr Schmuck eigens für uns Menschen gemacht. Wir würden aber immer noch voraussetzen, daß die Insekten wenigstens im wesentlichen sehen wie wir. Das ist bis in die letzte Zeit einfach stillschweigend vorausgesetzt worden. Doch hat sich gerade in den letzten Jahren eine erhebliche Meinungsverschiedenheit über diese Frage erhoben.

Man hatte voreilig daraus, daß z. B. die Honigbienen einzelne Blumenfarben mit Vorliebe aufsuchen, geschlossen, sie hätten einen Farbensinn nach Art des menschlichen. Diese Farbenwahl kann in der Tat nicht bestritten werden. Stehen z. B. der rotblühende Isop (Hyssopus officinalis), die blaßviolettblühende Monarda fistulosa und die scharlachrote Monarda didyma zu gleicher Zeit mit Blüten bedeckt dicht nebeneinander, so befliegen die sich reichlich zu Gaste einfindenden Bienen nur die beiden ersteren Arten; die letzte meiden sie vollkommen. Aus alledem jedoch dürften wir nur folgern, daß sie Farben (nach ihrem Helligkeitswert) zu unterscheiden vermögen. Ausgedehnte Untersuchungen aber von der Methode, wie sie noch genannt werden, legten die Annahme nahe, daß nur die Wirbeltiere bis herab an die Fische Farbensinn bebesitzen, daß jedoch diese und die gesamten Wirbellosen, auch die Kerfe, nach der Weise des farbenblinden Menschenauges sehen. Für das gesunde menschliche Auge scheint die hellste Stelle im Spektrum, bei der Zerlegung des „weißen" Sonnenlichtes durch ein Prisma in die sog. Regenbogenfarben, ausgesprochen im Gelb zu liegen. Von da nimmt die Helligkeit sowohl nach dem roten wie nach dem violetten Ende hin ab. Der völlig farbenblinde Mensch bezeichnet dagegen die Gegend des Grün als die hellste; und in dem Maße wie sich die hellste Stelle zum Violett hin verschiebt, geht ihm der Eindruck des äußersten Teiles der anderen Seite verloren. Ein lichtschwaches Spektrum wirkt aber auch auf das normale (an die Dunkelheit gewöhnte) Auge farblos.

Die Untersuchungen, auf Grund derer den Honigbienen ein Farbensehen abgesprochen wurde, sind nun z. B. folgende. Bringt man Bienen aus ihrem Stocke in ein Gefäß mit parallelen Wänden, so eilen sie an die hell belichtete Wand des Gefäßes. Bringt man diese in den Verlauf der Strahlen eines Spektrums, so sammeln sich die Tierchen im Gelbgrün bis Grün. Verwendet man zu gleicher Zeit nur blaues und rotes Licht, so begeben sie sich ins Blau selbst dann, wenn das Rot dem menschlichen Auge deutlich heller erscheint. Erst wenn die Lichtstärke des Rot weiter bis zu einem gewissen Grade im Verhältnis zum Blau gesteigert wird, verteilen sich die Bienen gleichmäßig im Rot und Blau. Daraus würde sich also allein eine Helligkeitsunterscheidung ergeben, die mit dem Helligkeitssinn des völlig farbenblinden Menschen übereinstimmen würde.

Demgegenüber deuten fernere Versuche doch wieder auf einen Farbensinn der Honigbiene. Sähen die Bienen nur Grün in verschiedenen Helligkeitswerten, so müßte jeder Farbe

Im Garten und auf der Wiese zur Frühlingszeit

eine bestimmte Abstufung des Grün entsprechen können. Derartiger gleichmäßiger Abtönungen von Weiß bis zu Schwarz stellte man z. B. 30 verschiedene her. Unter diese regellos auf einem Versuchstische (vor einem Landhause) nebeneinander gelegten Papierblätter tat man dann 2 gelbe von gleicher Größe wie vorher (etwa 10×15 cm). Und auf die Mitte eines jeden Papierstückes wurde je ein Uhrschälchen (d = 4 cm) getan, von denen zunächst nur die beiden auf den gelben Papieren mit Honig (oder Zuckerwasser) gefüllt wurden. Nachdem die Bienen vorerst durch ein paar große, mit Honig bestrichene Papierbogen herbeigelockt worden waren, fanden sie bald auch die 2 kleinen Honigschälchen und wurden dann ausschließlich auf diesen gefüttert. Bald entwickelte sich ein lebhafter Bienenverkehr, so daß die Schälchen oft nachgefüllt werden mußten, wobei nicht versäumt wurde, die Plätze der gelben Papiere zwischen den grauen zu wechseln. Sonst hätte sich gegen das Ergebnis sehr wohl einwenden lassen, die Tierchen seien auf den Ort, nicht aber auf die Farbe dressiert worden. Wie andere Versuche dartun, besitzen die Bienen nämlich ein vorzügliches Ortsgedächtnis. Immer aber, auch falls die Anordnung der gelben Papiere eben erst geändert worden war, flogen die Tierchen, ohne zögernd zu suchen, direkt auf die Futterstellen zu.

Die weiteren Versuche, bei denen auch die 30 übrigen Uhrschälchen auf den grauen Papieren mit Zuckerwasser gefüllt wurden, bei denen die Bienen aber trotzdem jene 2 über dem gewohnten Gelb überaus bevorzugten, ließen annehmen, daß es auch zuvor der Gesichts- und nicht etwa der Geruchssinn war, der die Besucher so sicher leitete, und damit, daß die Bienen Farbensinn besitzen. Ähnlich verhielt es sich bei Benutzung eines blauen Papieres. Dagegen erwies sich als nicht möglich, die Tierchen auf ein mittleres Grün von bestimmter Helligkeit zu dressieren. Dafür ließ sich eine Neigung erkennen, Farben, die auch für unser Auge verwandt erscheinen, zu „verwechseln", wie Purpurrot mit Violett und Blau; aber ebenfalls sehr bemerkenswerter Weise Rot mit

Schwarz und Dunkelgrau. Also auch diese Versuche bestätigten, daß dem Bienenauge das Spektrum nach dem roten Ende zu verkürzt erscheint; sie sind rotblind. Deshalb würden sie von einem purpurfarbenen Papier, das wesentlich nur rote und blaue Strahlengattungen aussendet, nur letztere aufnehmen, von ihm demnach eine Einwirkung wie von einer blauen Färbung erfahren können.

Und so ist auch das Rot unserer „rotblühenden" Pflanzen durchweg ein Purpurrot, das reichlich Blau enthält; wie bei der Erica und Calluna, dem Alpenveilchen und Rhododendron, den rotblühenden Klee= und Orchideenarten, die alle gern von Honigbienen und anderen Apiden besucht werden. Nur die rein roten großblättrigen Blumen des Klatschmohns bilden hierin eine Ausnahme.

Andererseits löst z. B. bei Ameisen das ultraviolette Licht, welches wir nicht zu sehen, wohl aber etwa in seiner chemischen Wirkung auf die lichtempfindliche photographische Platte nachzuweisen vermögen, noch einen deutlichen Reiz aus. Es dürfte sich allerdings hierbei nicht eigentlich um eine Verbreiterung des sichtbaren Spektrumbandes an sich handeln, sondern um eine physikalisch bedingte Erscheinung. Es fluoreszieren nämlich die lichtbrechenden Teile der Augen von Insekten (und Krebsen) stark im Ultraviolett, und auf die Tiere dürfte dieses auch unserem Auge sichtbare Fluoreszenzlicht als Reizquelle wirken. Übrigens dürfen wir ein bei einer Einzelart beobachtetes Verhalten nicht auf eine so verschiedenartige Elemente umfassende Masse wie die Insekten verallgemeinern. Wir haben aber einen Einblick gewonnen, auf welchem Wege es uns möglich wird zu erkennen, wie die Insekten sehen.

Womit sie sehen? Die Insekten haben, es ist bekannt genug, zwei verschiedene Typen von Augen, die zusammengesetzten Komplex= oder Fazettaugen und die einfachen Punktaugen oder Ozellen. Ohne daß wir jetzt Muße hätten, die anatomischen Bauweisen, die physiologischen Erscheinungen und die physikalisch=chemischen

Geschehnisse in diesen Lichtsinnesorganen zu studieren, wollen wir doch erinnern, daß die einfachen Augen entweder während der ganzen Entwicklungsdauer ausschließlich vorhanden sein können (bei den Läusen), oder nur im Larvenzustande auftreten (Käfer, Schmetterlinge), oder auch allein den Imagines angehören (z. B. Zweiflügler, Mehrzahl der Aderflügler). Nach der Lage der Ozellen kann man 2 Gruppen unterscheiden: Scheitelozellen (meist 3) und Seitenozellen; letztere finden sich bei solchen Larven und Imagines, denen fazettierte Augen fehlen.

Es scheint, daß den Stirnaugen eine besondere Bedeutung bei der schnellen Bewegung der Insekten zukommt. Da sie lichtstärker als die Komplexaugen sind, würden die nach 3 Seiten hin gerichteten Ozellen während des Fluges oder Sprunges für das Erkennen von Hindernissen, vielleicht noch mehr für den Anflug an feste Gegenstände geeigneter sein. Sie scheinen häufig dort entbehrlich zu werden, wo die Komplexaugen durch die Ausbildung von Kristallkegeln an Lichtstärke gewonnen haben (Tagfalter, Käfer); andererseits fällt ihnen die Aufgabe des Sehsinnes allein zu, wo ein scharfes Erkennen von Gegenständen nicht nötig ist und deshalb die Fazettenaugen fehlen (Parasiten, z. B. Flöhe). Die jüngst geäußerte Auffassung geht dahin, daß die Verrichtung der Ozellen in Abhängigkeit stehe von jener der Komplexaugen, in Übereinstimmung mit der innigen Verknüpfung ihrer Nervenerregungen, daß auch das gesamte Sehfeld der ersteren innerhalb jenes der letzteren liege, daß sie in Verbindung mit den Fazettaugen eine genauere Wahrnehmung der Entfernung von Gegenständen vermittelten.

Die erste, noch heute gültige Annahme betreffs des durch ein Komplexauge erzeugten Bildes spricht aus, daß die Insekten ein aufrechtes Netzhautbild erhielten, welches sich, entsprechend der Zahl der Einzelaugen in der Fazette, aus einem Mosaik voneinander gesonderter Bildpunkte zusammensetze. Es ist noch ein eigentümlicher Unterschied vorhanden, wie das Einzelauge der Fazette

114 Im Garten und auf der Wiese zur Frühlingszeit

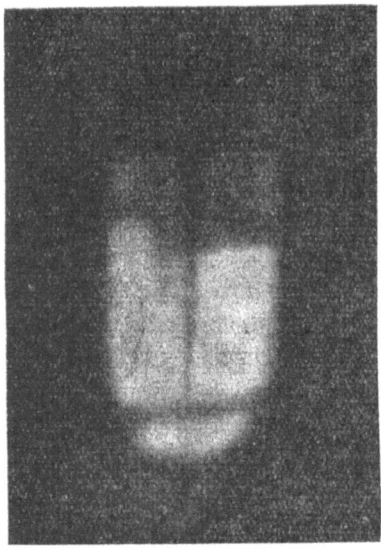

Abb. 25. Mikrophotographie des aufrechten Netzhautbildes im Augenhintergrunde des Leuchtkäferchens (Lampyris splendidula L.). Vergr. 120. Aus Schröder.

die es von den Gegenständen her treffenden Lichtstrahlen verwertet. In einem Falle werden die nicht senkrecht auf die Hornhaut fallenden Strahlen durch den als Linsenzylinder wirkenden Kristallkegel nach den Seiten hin ausgeschaltet und dort vom Pigment einfach vernichtet („absorbiert"). Im anderen werden die Strahlen, welche angenähert parallel zur Augenachse auffallen, von den lichtbrechenden Körpern mehrerer benachbarter Einzelaugen an die Bildstelle derjenigen Fazette geworfen, welche die Strahlen senkrecht empfängt; es hat das Bild daher eine größere Lichtstärke, das Auge eignet sich mehr zum Sehen im schwachen Lichte: in der Dämmerung, bei Nacht.

Übrigens ist es gelungen, mikrophotographisch ein senkrechtes Netzhautbild im Augenhintergrunde des Leuchtkäferchens (Lampyris splendidula L.) bei 120=facher Vergrößerung aufzunehmen (Abb. 25). Als Gegenstand diente ein Bogenfenster mit dem Ausblick auf eine Kirche in 135 Schritt Entfernung. Auf die Fensterscheibe war ein aus schwarzem Papier geschnittenes „R" von 4,9 cm Strichstärke geklebt — es erscheint wegen der Vervielfältigung durch Lichtdruck in Spiegelschrift —, von dem sich das Auge in 225 cm Entfernung befand.

Wenn wir hiernach nun auch darüber unterrichtet sind, wie das von uns angeschaute Bild im Auge des Insektes aussieht,

Im Garten und auf der Wiese zur Frühlingszeit

so können wir damit noch nicht wissen, wie das Insekt selbst es wahrnimmt. Denn die Gesichtswahrnehmung kommt nicht im Auge zustande, sondern im Gehirn. Wie wir selbst mit zwei Augen nur ein einziges Bild und auch nicht das auf die Netzhaut geworfene umgekehrte, sondern ein aufrechtes Bild sehen, so ist es möglich und selbst nicht unwahrscheinlich, daß auch bei dem Insekt die Wahrnehmung vom Netzhautbild verschieden sei. Jedenfalls wird es nicht aus vielen einzelnen gesonderten Bildpunkten bestehen; diese werden vielmehr im Gehirn zu einem einheitlichen Gesamtbilde zusammengezogen sein. Bemerkt sei noch, daß das Netzhautbild des Komplexauges häufig, vielleicht in der Regel, gegenüber dem menschlichen Netzhautbilde Verzerrungen aufweisen muß, welche durch die stärkere Krümmung des Auges an seinem Umfange bewirkt werden Im übrigen lehrt auch die alltägliche Beobachtung beim Fange z. B. der Tagfalter, daß sie bewegte Gegenstände leicht sehen, diese schon bei 1½ m Entfernung; sei es, daß sich der Gegenstand oder das Insekt in Beziehung auf ihn bewege.

Wenn es nun nach alledem auch nicht zweifelhaft sein kann, daß die Blumenfarben als Anlockungsmittel für die erwarteten Gäste dienen, ist es doch auch sicher, daß der Blütenduft der Bedeutung der Färbung für diese Zwecke nicht nachsteht. Verlassen sich doch manche Pflanzen, z. B. die Reseda, der Wein, der Efeu so fest auf die zureichende Wirkung des Duftes, daß sie auf ein weithin auffallendes Gewand verzichten und sich völlig unscheinbar kleiden. Allerdings — andererseits wieder zeigt z. B. die großblumige, farbenschöne Tulpe, daß sie auch ohne Wohlgeruch Besucher anzulocken weiß. Besonders die blütenbesuchenden Zweiflügler aber scheinen ganz wesentlich, unter Umständen, d. h. nach Art der Blüten und der Gäste, ausschließlich dem Geruche zu folgen. Die Zahl methodischer Untersuchungen, deren Ergebnisse dem Dufte überhaupt die führende, ja die alleinige Rolle zuschreiben möchten, ist groß.

Die Insekten wenden sich sofort den sonst wegen des Fehlens oder der geringen Menge an Nektar unbeachteten Blüten zu, sobald man in diese künstlichen Nektar (Honig) tut. Der Insektenbesuch hört auf, wenn man, unbeschadet der lebhaft gefärbten Blütenteile (Krone, Kelch u. dgl.), den Nektar entfernt, er beginnt wieder, sobald derselbe ersetzt wird. Es genügt, künstlichen ätherischen Nektar, Honig, auf oder in „Wind"-Blüten von grüner oder bräunlicher, matter Färbung, also für gewöhnlich ohne Insektenbesuch, zu bringen, um sofort zahlreiche Insekten herbeizuziehen. Künstliche Blüten aus Papier oder Stoff, selbst aus grünenden Blättern gebildet, werden lebhaft beflogen, sobald man sie mit Honig versieht; usf. Doch dürfen wir die Wirkung des Duftes und Honiggeruches nicht ohne weiteres gleichsetzen, der sonst nur in geringfügiger Menge und verborgen in der Blüte hervorgebracht wird; sein überwiegender Einfluß in derartigen Fällen schließt eine wesentliche Beteiligung der Blumenfarben nicht aus, um die Bestäubung durch die Blütengäste zu sichern. Die Zuleitung von der Ferne her dürfte namentlich der vom Winde geführte Duft veranlassen, die Orientierung in der Nähe dürfte der lebhaften Färbung zufallen.

Der Besuch gilt der Erbeutung des Honigs, daneben auch den Pollen; so ist es leicht genug zu beobachten, daß offen gereichter Honig sehr bald Insekten anlockt. Man benutzt auch wohl diese und andere Liebhabereien der Kerfe, um sie bequemer zu fangen. Viele unter ihnen fliegen ans Licht. Nicht zu helle Lampen, an dunklen, warmen Abenden so aufgestellt, daß sie eine große, gut bewachsene Fläche bestrahlen, ziehen oft eine Menge von Kerfen an; besonders günstig soll grünes Licht wirken. Es ist zu empfehlen, der Lampe einen hellen Hintergrund (Bettlaken u. a.) zu geben. Manche Kerfe lassen auch eine unwiderstehliche Neigung für starke Gerüche erkennen, die uns höchst unangenehm sind. An Kot, vor allem an mit Urin versetztem Menschenkot, auch an recht altem, stinkigem Aase, an übel riechendem

Käse findet man nicht nur Käfer und Fliegen, sondern z. B. auch den Schillerfalter, diesen schönsten unserer einheimischen Schmetterlinge. Man kann derartige Köder entweder frei auf die Erde verlegen oder in bis zum Rande eingegrabene und lose mit einem Steine überdeckte Ködergläser (=becher) tun. Es läßt sich diese Fangweise sogar einfacherweise zu einer selbsttätigen ausgestalten, wenn man an passendem Orte ein Glas mit solchem Köder in die Erde gräbt, darüber ein mit Spiritus gefülltes, durch einen Korken verschlossenes, sog. Fliegenglas setzt und mittels eines in das untere Glas gestellten Stockes den gefangenen Kerfen den Aufstieg in die Falle erleichtert.

Für die Zwecke des Schmetterlingsfanges insonderheit bedient man sich gern des Köderns; die Verfahren stimmen alle darin überein, stark riechende, zuckerhaltige Substanzen an geeigneter Örtlichkeit auszulegen. Man verwendet dazu eine Mischung von Bier, Sirup, Rum und einigen Tropfen Apseläther oder verdünntem, gegorenem Honig mit Rum= oder Apseläther zusatz, in die man auf eine Schnur gereihte Obstschnitte legt. Diese werden dann vor Eintritt der Dämmerung zwischen Bäumen, an Büschen, über niedriger Vegetation auch an Stäben, aufgehängt; und das Absuchen der Beute kann nach eingetretener Dunkelheit mit Hilfe von Laterne, Fangglas und Netz angehen. Es lassen sich die Bäume auch in Abständen einfach in Feldern von etwa 12 × 6 cm Größe mit der Lockspeise bestreichen. Die angeflogenen Nachtfalter pflegen bald so fest beim Schmause zu sitzen, daß sie nicht abfliegen, auch wenn das Licht der Laterne sie trifft, und bequem ohne Netz mit dem Finger in das darunter gehaltene Fangglas gestreift werden können. Auch zerquetschte Früchte, namentlich Bananen, können derart als Köder erfolgreich benutzt werden, besonders wenn die Masse bereits in Gärung übergeht. Der Fang pflegt in schwülen Nächten mit wenig bewegter Luft am ergiebigsten zu sein. Schmetterlinge soll man auch ködern können, wenn man einen frisch getöteten Falter ausgebreitet auf ein Gebüsch legt, in dessen Um=

gebung seine Artgenossen fliegen. Jedenfalls sahen wir bereits, daß lebende Weibchen in vielen Fällen artgleiche Männchen herbeilocken.

Die mannigfaltigen Beziehungen der Blumen und Insekten, denen wir diesen Ausflug in das Gebiet des Köderfanges danken, haben bereits eine vielseitige Bearbeitung begeisterter Forscher erfahren. Dennoch ist auch hier manches zu tun geblieben, selbst für unsere Heimat. Von den wesentlich die Blumen selbst, z. B. ihr fortschreitendes Aufblühen betreffenden Beobachtungen abgesehen, bedarf es noch weiterer Feststellungen; so, welche Besucher die geöffnete Blüte erhält und wann es geschieht. Dies wird von der Haltung der Blumen abhängen, von ihrer Farbe und dem Duft, dessen stärkste Ausströmung der Zeit nach berücksichtigt werden muß. Ist es während der Nacht, so sind Abend- bzw. Nachtfalter die Bestäuber. Diese Blüten zeigen meist eine weiße Farbe und wagerechte Haltung; sie sind auch meist bei Tage geschlossen. Auch fehlt ihnen jede Sitzgelegenheit, da jene Gäste im Schwebefluge saugen. Alle anderen Blüten haben Ruheplätzchen ausgebildet, auf denen sich die anfliegenden Kerfe niederlassen, um dann den Zugang zum Honig zu suchen. Dieser ist durchaus nicht immer der bequemste, wohl aber der für die Zwecke der Übertragung des Pollenstaubes geeignetste. Wichtig ist es auch, die Stelle zu bestimmen, welche den Honig abscheidet bzw. sammelt, und wie er dort gegen unberufene Eindringlinge geschützt wird. Vor allem wäre es erwünscht, die arteigentümlichen Stellungen im Bilde festzuhalten, welche die einzelnen Insekten beim Besuche der Blüten einnehmen, und ihnen diejenigen gegenüberzustellen, welche Räuber inne haben, um den Honig auf unrechtmäßige Weise zu erbeuten.

Doch bereits hat uns das reizvolle Bild der unter der wohligen Frühlingssonne zu neuem, reichem Leben erwachten Wiese länger gefesselt, als die folgenden Jahreszeiten gestatten möchten. Wir brauchen es nicht zu bedauern; denn gerade die verwirrende

Fülle des kommenden Sommers erschwert uns das fruchttragende, beschauliche Verweilen bei einzelnen biologischen Fragen größerer Bedeutung.

Im Wald und am Teiche zur Sommerszeit.

Schon hat die Sonne ihren höchsten Jahresstand überschritten. Es ist anfangs Juli. Noch nehmen die sengenden Gluten der vom Himmelsblau niederstrahlenden Sonne zu. Die Natur reift in beschleunigter Entwicklung immer neue Formen. Wohin sich auch das Auge wendet, atmet sie Leben in unerschöpflichem Wechsel. Würden wir uns nicht auf ein bescheidenes Arbeitsziel beschränken, wir würden in planloser, oberflächlicher Tätigkeit ohne jeden Erfolg gar bald verzagen müssen.

Inwiefern wir uns bescheiden? Je nach unseren Interessen, auf bestimmte Gruppen unter den Insekten oder auf einzelne Örtlichkeiten mit besonderen Bodenverhältnissen und eigenartigem Pflanzenbestand. Die Mannigfaltigkeit der in letzterer Beziehung möglichen Auswahl ist nicht gering. Sie kann sich auf jedwede Örtlichkeit ausgeprägter Eigenart begrenzten oder weiteren Inhalts erstrecken und hat die Beziehungen möglichst der gesamten Pflanzen- und Tierwelt zu ihr und untereinander zu erforschen (Biocönosen). Unter die Gesichtspunkte, welche diese Auswahl beherrschen, zählen namentlich folgende: In bezug auf die Zusammensetzung des Bodens; z. B. anstehendes Feld, lose Steine; Sand-, Lehm-, Ton-, Mergel- und Kalkboden; Humus- (Torf-, Moor-, Heide-, Waldhumus-) und Kulturboden. Seine Höhenlage (über dem Meere), seine Besonnung (nach Lage und Pflanzenwuchs), seine Feuchtigkeit (abhängig auch vom Gefälle, Durchlässigkeit, Grundwasser, Gewässernähe; ob Überschwemmungsgebiet).

Die Kennzeichnung der Pflanzenwelt hat zu bestimmen: Ob reiner oder Mischbestand an vereinzelten oder dichtstehenden

Bäumen, welche Arten und welchen Alters (Nadelholz, Laubwald, Mischwald); in Berücksichtigung des Unterholzes bzw. überhaupt der auftretenden Sträucher und niedrigen Pflanzenwelt, ob diese von einzelnen Arten bedingt wird (z.B. Farren, Brennessel, Brombeere, Heide, Schilf) oder allgemeiner Graswuchs ist oder Blumen in dichter Narbe oder über den mehr kahlen Boden verstreut trägt; ob Moosdecke, ob Laubabfall. Die Auswahl vermag ferner zu unterscheiden zwischen Bewohnern des Laubes, von Zweig, Stamm oder Stengel (in bzw. unter der Borke, im Splint= oder Kernholz, im Marke lebende Formen), zwischen an oder in der Wurzel verborgen anftretenden Arten, die zu den Bewohnern des Bodens überhaupt führen. Es ist zu scheiden zwischen Formen, welche sich im Dunkel des Waldes, an lichteren Stellen, am Waldrande, welche sich auf Schonungen oder auf Waldwiesen, welche sich an gesunden oder kränkelnden oder toten Bäumen bzw. am Holzschlage finden; usf.

Die Fauna des Wassers läßt sich trennen nach dem Vorkommen in schneller oder langsamer fließendem bzw. stehendem Gewässer (Bach, Fluß, Strom; See, Teich, Tümpel, Graben, Pfütze; Brack= und Salzwasser), unterschiedlich nach der Temperatur, der Höhe über dem Meere, den Tiefenverhältnissen und namentlich nach dem Boden und der Vegetation der Ufer und des Wassers selbst (Zone des seichten Ufers, des Flachwassers, der untergetauchten Pflanzen, vegetationsfreies Wassergebiet). Als Biozönose kann ferner angesprochen werden das Zusammenleben der Bewohner von pflanzlichen Moderstoffen verschiedener Art, auch des Anschwemmfeldes am Gestade von Seen, Flüssen und Meeren; von Aas, unterschiedlich nach seiner Art und Größe, nach dem Fortschreiten der Verwesung; an Dung und Kot der verschiedenen (Wild= und Weide=) Tiere; unter Steinen, in Höhlen und Bergwerken; von Vogelnestern und Säugetierbauten u. a.; die Pilzfauna, jene des Mooses oder gewisser Blütenformen; Parasiten, usf. Zudem die verschiedenen Bewohner der Wohnungen, in Keller und Hof, im

Im Wald und am Teiche zur Sommerszeit

Stall und auf dem Balkon u. a.; überdies auch die ganze Zahl von Tierformen, welche die Kulturen des Menschen aufsuchen, sei es im Garten (Gemüse, Kern- und Steinobst, Beerensträucher, Zierpflanzen, u. a.), sei es auf dem Felde (z. B. Getreide, Kartoffeln, Rüben).

Dieser Überblick weist eine außerordentliche Verschiedenartigkeit der Gesichtspunkte nach, welche für die Wahl der zu beobachtenden Lebensgemeinschaften maßgebend sein können. Eine Beschränkung auf wenige zurzeit scheint geboten. Denn die Untersuchungen sollen sich in oft über Jahre auszudehnender, mühevoller Arbeit nicht nur auf die Entwicklung der Arten vom Ei bis zur Imago nach Aussehen und Gewohnheiten erstrecken, sondern ebensosehr die Beziehungen zu den klimatischen, Boden- und Vegetationsverhältnissen, nicht zuletzt auch zur übrigen Tierwelt betreffen.

Nun ist es selbst für einen geschulten Kenner nicht immer möglich, all die verschiedenen (Pflanzen- und) Tierformen, auch nur jene der Insekten, mit der durchaus erforderlichen Sicherheit wissenschaftlich zu bestimmen. Auf den einzelnen Gebieten der Ordnungen und oft selbst Familien sind Spezialforscher tätig, die fast stets ihre Aufgabe auch darin erblicken, schwierigere, zweifelhafte Arten nachzuprüfen. Die Verbindung mit ihnen, mit staatlichen Instituten wird dem Anfänger in der Regel der sehr empfehlenswerte Anschluß an einen erfahrenen Sammler und Beobachter ermöglichen. Denn nur bei wissenschaftlich vertieften Arbeitszielen sollten derartige Bestimmungen begehrt werden.

Hiermit sind wir bereits zu der zweiten möglichen Beschränkung innerhalb der von einem einzelnen nicht mehr zu bewältigenden Formenmenge gelangt, zu der Bescheidung des Studiums auf begrenzte systematische Gebiete, z. B. unter den Hautflüglern (Hymenoptera) auf Blatt- und Holzwespen oder auf Gallwespen, auf die höchst eigenartigen Ameisen, auf eine der äußerst fesselnden Familien der Bienen, Wespen, Hummeln oder auf die Goldwespen. Die Entscheidung in der einen oder andern Richtung ist zunächst wesentlich Geschmackssache. Man würde einerseits vorerst einen Überblick über die gesamte Örtlichkeit rings um den Wohnort zu gewinnen, andererseits an einer die ganze betr. Tiergruppe umfassenden (z. B. Schul-, Instituts-) Sammlung einen Einblick in den Formenreichtum zu erhalten trachten müssen.

Sollte die Örtlichkeit einen mehr gleichmäßigen Charakter (Heideland, Nadelwald, Kornfelder usf.) tragen, würde vielleicht eher das Studium der betr. Biozönose anzuraten sein, bei einer auf kleinere Flächen lebhaft wechselnden Landschaft eher die Beschränkung nach systematischen Gesichtspunkten. Denn der Reichtum einer Gegend an verschiedenartigen verwandten Formen erscheint abhängig von der Mannigfaltigkeit des Geländes, da jede Art durch die Nahrungsbedürfnisse und weiteren Lebensgewohnheiten mehr oder minder an eine bestimmte Örtlichkeit gebunden ist. Und es ist dann natürlich gerade die Aufgabe des Forschers, jede einzelne der Örtlichkeiten, sei sie auch noch so kahl und dürftig an Ausbeute, möglichst sorgfältig durchzusuchen; nicht nur gelegentlich einmal, sondern eine Folge von Malen während des Jahres, auch zu verschiedener Tageszeit, bisweilen selbst des Nachts bei Laternenlicht. Viele Insekten und deren Larven erscheinen erst dann, gehen räuberisch auf Beute aus oder suchen ihre Nährpflanzen auf.

Immer ist es von Interesse, die Entwicklungsformen einer Art und deren Lebensweise festzustellen, welche sogar für gemeinste Arten manchmal noch unzureichend bekannt sind. Meist ist dies nicht schwierig, wenn es auch Fleiß kostet. Und diesen Fleiß vergilt auch bei bekannten Entwicklungen oft genug eine überraschende Eigenart. Wir prüfen das Laub unserer Gartenrosen oder, wenn wir gerade draußen streifen, jenes der Wildrose, wir werden nicht lange suchen brauchen, um Blätter zu finden, welche oblonge und kreisrundliche Ausschnitte (Abb. 26) von je recht übereinstimmender Größe zeigen. Und wenn wir Ausdauer und ein

Im Wald und am Teiche zur Sommerszeit

wenig Glück haben, werden wir auch sicher den Baumeister, eine Biene Megachile centuncularis L., beobachten, wie sie jene Blatt=stücke geschickt herausschneidet und davonträgt. Sind wir hurtig hinter der abfliegenden Biene her, gelingt es uns auch das eine oder andere Mal, ihr zu ihrer Nestanlage zu folgen, die sie in einem hohlen Pflanzenstengel (Rubus, Holunder u. a.), in einem morschen Baumstamme o. a. O. angelegt hat. In diesem Gange

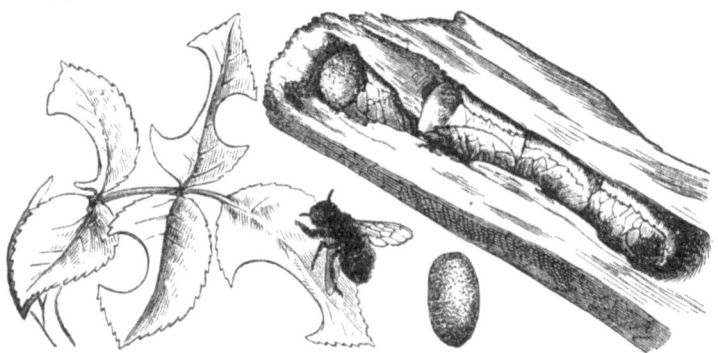

Abb. 26. Megachile centuncularis und ihr Nest. Aus Reuter.

erblicken wir eine Folge gegeneinander völlig abgeschlossener Zellen, welche nach Art der Bienenzellen je ein Ei bzw. die aus ihm bereits geschlüpfte Larve mit der von der Biene eingetra=genen Nahrung bzw. deren Rest (später die Puppen) bergen. Als Baumaterial für die Wände verwendet die Biene eben jene aus den Rosenblättern geschnittenen Blattstücke. Die sehr artenreiche Gattung der „Blattschneidebienen" hat durchweg einen arteigen=tümlichen Geschmack; Mohn, Hasel, Himbeeren, Erdbeeren, Wein=trauben, Disteln usw. werden so gewählt.

Auch die Angehörigen der nahe verwandten Gattung Osmia, der „Mauerbienen", umkleiden ihre einzelnen Zellen mit Blatt=stücken, so unsere O. papaveris Latr. mit jenen des Klatschmohns; doch erfährt bei ihnen der Nestgang bereits eine Aufteilung in Kammern durch quere Zwischenwände aus Lehm. Über die verschie=

124 Im Wald und am Teiche zur Sommerszeit

Abb. 27. Zellen von Eumenes coarctata L., oben die „Pillenwespe", unten die Schmarotzer-„Goldwespe" Chrysis ignita L. Vergr. Nach Brehm.

denſten Zwiſchenformen gelangen wir z. B. zur über den ganzen Erdball verbreiteten Wespengattung Eumenes, bei welcher der völlig frei aus Lehm, Sand o. ä. aufgemauerte Zellenbau typiſch iſt (Abb. 27).

Wir benutzen die Gelegenheit, welche uns einige dieſer Zellen hat auffinden laſſen, um ganz ſtill verharrend an ihnen das Gebahren einer Eum. coarctata L. zu verfolgen. Da feſſelt unſeren Blick eine Feuergoldwespe (Chrysis ignita L.).

Während die coarctata für die Nahrungsſuche fortgeflogen iſt, worauf die ignita nur gewartet zu haben ſcheint, bringt dieſe in eine der noch unverſchloſſenen Lehmzellen ein. Hier findet ſie, was ſie ſucht: Nahrung für ihre eigene Nachkommenſchaft in Geſtalt einiger durch den Stich der coarctata gelähmten Raupen; flugs legt ſie ein eigenes Ei hinzu und kriecht hiernach ſchleunigſt wieder hinaus. Denn ſie hat Urſache, die Rückkehr der coarctata nicht abzuwarten, die ſie kurzerhand mit ihren ſcharfen Kiefern packt und hinauswirft. Allerdings rollt ſich die ignita bei dieſem Angriffe zuſammen, ſo daß ſie eine ernſtliche Verletzung kaum erleiden kann.

Im Wald und am Teiche zur Sommerszeit

Die Chrysiden sind überhaupt Schmarotzer, selbst die Imagines scheinen gelegentlich Bienenhonig zu stehlen. Die Larven fressen das von ihren Wirten eingetragene Futter; kriecht die Schmarotzerlarve erst aus, wenn die rechtmäßige herangewachsen ist, so greift jene auch diese an und frißt sie auf. Es soll sich aber das Chrysis=Ei im allgemeinen schneller zur Larve entwickeln, welche dann zunächst das Eumenes=Ei verzehrt.

Bisweilen aber ist der Entwicklungsverlauf vom Ei zur Imago (Metamorphose) ein wunderbar verwickelter. Davon einige Beispiele, die durch eigentümliche Wanderungen ihrer parasitierenden Larven ausgezeichnet sind. Entgegen der Regel, nach welcher das Weibchen seine Eier an die oder doch nächst der Larvennahrung ablegt, geschieht es ganz ausnahmsweise gegenteilig. In diesen Fällen pflegen wenigstens zwei Larvenformen vorhanden zu sein; die erstere, bewegliche Form, um die Übertragung an die Nahrung herbeizuführen, die weitere für die Nahrungsaufnahme. Bei einer südeuropäischen Mantispa=Art (M. styriaca Poda; Netzflügler=Neuroptera) legt das Weibchen seine Eier gewöhnlich an die Rinde älterer Bäume; die im Spätsommer auskriechenden kleinen Larven der ersten Form bleiben bis zum April des nächsten Jahres ohne Nahrung. Dann suchen sie eine der Erdhöhlen auf, in welcher eine Wolfsspinne (Lycoside) ihren Eikokon bewacht. Die Spinne, welche sich größerer Feinde erwehrt, scheint die winzige Mantispa=Larve gar nicht zu beachten, welche sich mit ihren Kiefern einen schmalen Zugang in den Eikokon öffnet. Hier ruht sie, bis die Spinneneier eine gewisse Entwicklung erfahren haben; dann verzehrt sie in einer neuen Larvenform die im Kokon eingeschlossenen Eier und geschlüpften jungen Spinnen, fertigt hiernach innerhalb des anderen einen eigenen Kokon an und verwandelt sich zur Nymphe. Inzwischen fährt die ahnungslose Spinne fort, äußere Feinde von ihrem Eikokon fernzuhalten; bis endlich eine Mantispa=Imago hervorkriecht.

Auch die in Amerika lebenden Angehörigen der mit unserer

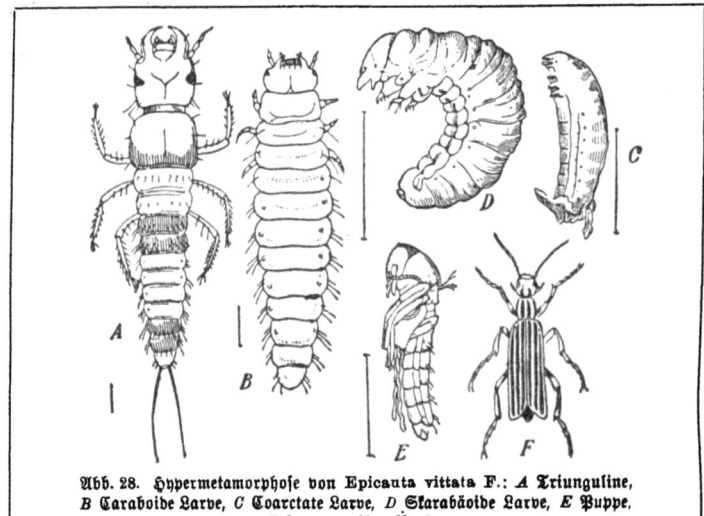

Abb. 28. Hypermetamorphose von Epicauta vittata F.: *A* Triunguline, *B* Caraboide Larve, *C* Coarctate Larve, *D* Skarabäoide Larve, *E* Puppe, *F* Imago. Aus Reuter.

sog. Spanischen Fliege verwandten Käfergattung Epicauta haben eine kleine wandernde primäre Larve aufzuweisen. Die Eier werden meist auf die Erde gelegt, und die jungen Larven, die Triungulinen, wandern umher nach der Suche von Höhlungen, in denen gewisse Heuschreckenarten, besonders der schädlichen Gattung Melanoplus, ihre Eier abgelegt haben. Sobald die Wanderlarve auf eine solche Höhlung stößt, bringt die Triunguline ein, beginnt die Eier zu verzehren und macht allmählich die in der Abbildung 28 dargestellten Larvenzustände durch, um weiterhin zur Puppe (*E*) zu werden und aus ihr die Imago (*F*) zu ergeben.

In Südeuropa lebt eine sog. Mauerbiene (Chalicodoma), welche an Mauern, Steinen u. dgl. aus Sand und Lehm mit Speichel zusammengekittete Zellen baut, diese mit Honig füllt und auf ihn in jeder Zelle ein Ei stiftet. Die durch starke Zwischenwände getrennten Zellen werden schließlich mit einer gleichartigen Schicht steinharten Mörtels bedeckt, so daß das Ganze einem Lehm=

Im Wald und am Teiche zur Sommerszeit   127

klumpen gleicht. Trotz solcher schier uneinnehmbar erscheinenden Befestigung bringt nicht selten ein Schmarotzer ein, eine Fliege (Anthrax trifasciata), deren Larve die Larve der Mauerbiene zum Opfer fällt. Im Juli sieht man diese sammetschwarze, mit einigen silberweißen Flecken gezierte Fliege über den Nestern der Chalicodoma schweben. Plötzlich stößt sie senkrecht auf ein Nest nieder, berührt es mit der Hinterleibspitze, um ein Ei zu hinterlassen. Aus ihm schlüpft nach einiger Zeit die erste Larvenform (Abb. 29) von nur 1 mm Länge, haarfein und durchsichtig.

Diese Larve wandert nun rastlos über den Bienenbau, oft wochenlang, hin und her, ohne das Bedürfnis nach Nahrung, auf

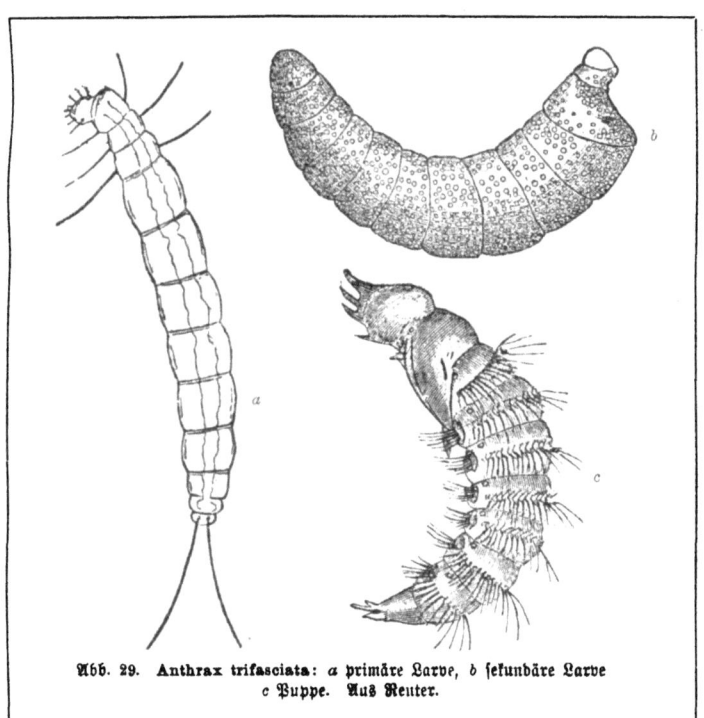

Abb. 29. Anthrax trifasciata: *a* primäre Larve, *b* sekundäre Larve *c* Puppe. Aus Reuter.

der Suche nach einem Durchschlupf zu den Bienenlarven. Wenn überhaupt, findet sie ihn meist dort, wo der Bau seiner Unterlage angeklebt wurde. Einmal in eine Zelle vorgedrungen, verwandelt sich diese erste sofort in eine andere weißliche wurmförmige Larvenform, die unbeweglich an der vor der Verpuppung stehenden, daher völlig wehrlosen Bienenlarve haftet. Da ihr Kiefer fehlen sollen, scheint sie die in jenem Entwicklungszustande sehr zarte Bienenlarvenhaut ohnedem zu durchbrechen und den Inhalt aufzusaugen. Wie aber sollte die später schlüpfende Fliege die Mauern des Gefängnisses durchbrechen können? Die Möglichkeit des Entfliehens schafft ihr die eigene Puppe, welche, völlig abweichend von der üblichen Tönnchengestalt anderer Fliegen, mittels eines Bogens von sechs harten Spitzen am Kopfe als Werkzeug den Mörtel auszuhöhlen und in einer Bohrröhre völlig zu durchbrechen vermag.

Noch verwickelter werden die Entwicklungsverhältnisse bei einigen Käfern, deren Larven in den Bienenwohnungen von dem dort für die Brut in den Zellen aufgespeicherten Honigvorrate leben. Auch bei ihnen finden sich mehrere Larvenformen; die erste Larvenform aber läßt sich zu der Nahrungsquelle tragen. So kann man den im südlichen Europa beheimateten Käfer Sitaris humeralis F. (Abb. 30) bisweilen in den beiden Geschlechtern massenhaft auf der Erde über den Nestern der Biene Anthophora parietina F. umherlaufen sehen. Diese Nester bestehen aus einem langen Tunnel, an dessen Boden zahlreiche Seitenzellen ausgegraben sind; in jede derselben wird ein größerer Vorrat halbflüssigen Nektars getan und auf diesen ein Ei niedergelegt. Darauf wird die Öffnung der Zelle von der Biene sogleich geschlossen. Diese Zellen mit ihren Vorräten aber sind es gerade, von denen sich die Sitaris-Larven ernähren. Würden die Eier auf den Nektar abgelegt, müßten sie, wie Versuche ergeben haben, ertrinken. Man hat auch die Larve, immer eine einzelne je in der Zelle, stets nur auf dem Bienenei kriechend angetroffen.

Im Wald und am Teiche zur Sommerszeit 129

Diese höchst eigentümlichen Tatsachen erklären sich folgendermaßen. Im August/September begeben sich die trächtigen Sitaris-Weibchen in den Tunnel der Bienen hinein, aber nur in den vorderen Teil der Erdröhre; zu dieser Zeit sind die Larvenkammern bereits geschlossen. Dort legen sie ihre Eier, oft über 2000, in einem großen Haufen nieder. Schon in dieser

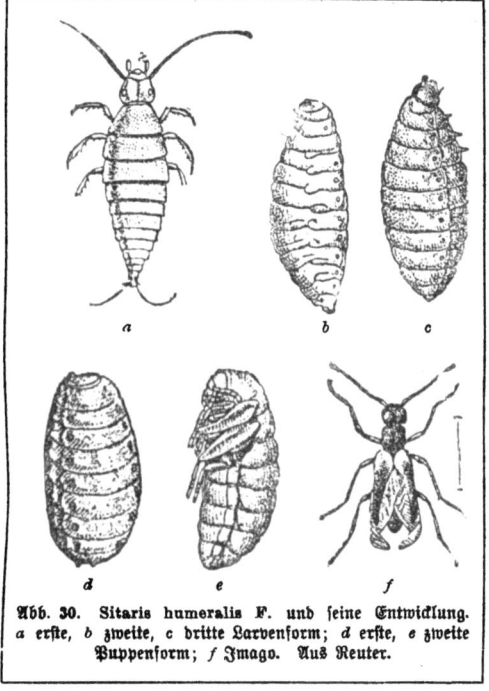

Abb. 30. Sitaris humeralis F. und seine Entwicklung. *a* erste, *b* zweite, *c* dritte Larvenform; *d* erste, *e* zweite Puppenform; *f* Imago. Aus Reuter.

außergewöhnlich großen Eizahl liegt ein Hinweis darauf, daß das einzelne Ei nur unter seltenen Umständen seine Entwicklung zur Imago erfährt. Zwar verlassen die 1 mm langen schwarzen Sitaris-Larven bereits Ende September/Anfang Oktober die Eier, verharren dann aber sieben Monate hindurch unbeweglich beieinander, ohne Nahrung aufzunehmen. Unterdessen haben die Bienenlarven in ihren Zellen am Boden der Röhre ihre Entwicklung vollendet, durchbrechen den Zellendeckel und kriechen als voll ausgebildete Bienen ins Freie hinaus. Hierbei finden jene Sitaris-Larven Gelegenheit, sich vermöge ihrer mit scharfen Haftkrallen bewehrten sechs langen Beine an die Rückenhaare der Biene anzuheften, oft fünf, sechs und mehr zugleich an einer Biene.

Hier bleiben sie einstweilen unbeweglich sitzen. Denn diese zuerst ausgekrochenen Bienen sind sämtlich Männchen; sie könnten also nicht etwa bereits dazu dienen, die Sitaris-Larven an ihre Nahrung zu tragen. Erst einen Monat später erscheinen die Weibchen, denen allein der Nestbau obliegt. Es bleibt daher den Sitaris-Larven nur der Augenblick der Paarung, um auf den Rücken eines Bienenweibchens hinüberzukriechen. An ihm bleiben sie nahrungslos festgeklammert, während sie beim Nektarsammeln von Blüte zu Blüte getragen und nestein nestaus geschleppt werden.

Erst in dem Augenblick, allein dann, wenn das Bienenweibchen auf den Nektarvorrat ein Ei ablegt, wird es der Sitaris-Larve möglich, sich von der Biene zu entfernen, ohne dem sofortigen Verderb zu verfallen. Sie hält sich mit Hilfe des Bieneneis auf dem Nektar schwimmend und beginnt sofort mit dem Verzehren des Eiinhaltes, das sie sich furchenartig mit ihren scharfen, nach oben gebogenen Mandibeln öffnet. In der ausgeleerten Eischale nimmt sie nunmehr die gänzlich andersartige Gestalt einer feisten wurmartigen weißen Larve mit plattem Rücken und stark gewölbtem Bauche an, die sie eignet, auf dem Nektar ungefährdet zu liegen. Diese Larvenform lebt alsdann ausschließlich von dem ursprünglich für die Bienenlarve bestimmten Vorrate. Eine dritte Larven- und zwei Puppenformen lassen dann schließlich den **ausgebildeten Käfer Sitaris humeralis F.** entstehen. Eine ganz ähnliche Entwicklung desselben wurde für Deutschland auch bei einer anderen Biene Anthophora fulvitarsis. beobachtet.

Schließlich noch die Entwicklung unserer Ölkäfer (Meloë; Abb. 31) in kurzen Zügen, jener absonderlichen weichhäutigen aufgedunsenen Käfer mit kurzen Deckflügeln, die man im Frühling und Vorsommer nicht selten auf der Erde umherwandern sieht und die bei der Berührung aus den Kniegelenken eine blasenziehende gelbe Flüssigkeit absondern. Sie legen ihre Eier zu mehreren Tausend in selbstgegrabene Erdlöcher dort ab, wo zahlreiche von Bienen besuchte Blumen, besonders Korbblütler, wachsen.

Sobald die Meloë=
Larven das Ei ver=
lassen haben, be=
ginnen sie lebhaft
umherzukriechen, die
Blumenstengel hin=
auf, und nehmen
dann in den Blüten
Aufenthalt, um den
besuchenden Bienen,
besonders den An=
thophora = Arten,

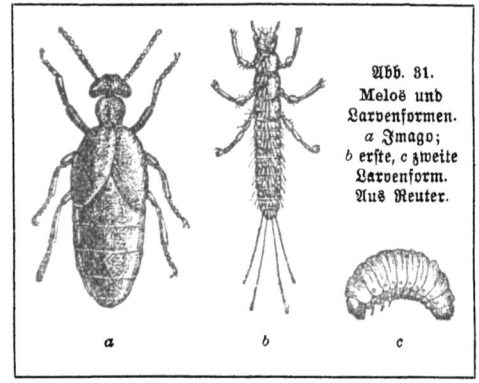

Abb. 81.
Meloë und
Larvenformen.
a Imago;
b erste, *c* zweite
Larvenform.
Aus Reuter.

aufzulauern. An diese klammern sie sich fest und lassen sich so in deren Zellen führen. Die weitere Entwicklungsgeschichte ähnelt jener der Sitaris. Übrigens heften sich die jungen Meloë=Larven an alle behaarten Insekten, wie selbst Fliegen, Schmetterlinge, Käfer. Diese Individuen sterben natürlich langsam Hungers. Den Verlust gleicht für die Arterhaltung jene ungeheure Zahl von Eiern aus.

In die Zellen der Anthophora=Arten bringen auch Schma=
rotzerbienen der Gattungen Melecta und Coelioxys, welche die
Deckel der Zellen erbrechen, das Anthophora=Ei verzehren und
ein eigenes Ei auf den Nektarvorrat legen. Auch an diese Schma=
rotzerbienen, welche sich vom Blütennektar nähren, klammern sich
die Meloë=Larven fest; auch durch jene gelangen sie in eine Zelle,
um sich dort auf dem Ei eben der Schmarotzerbiene, die das recht=
mäßige Ei verzehrt hatte, niederzulassen und es zu verzehren.

Einer der Sitaris ähnlichen Entwicklung begegnen wir z. B. auch bei der metallisch grünen sog. Spanischen Fliege (Lytta vesicatoria L.), einer in Europa bis an das südliche Schweden be= heimateten Art, deren schwarze erste Larvenform sich im Früh= ling mancherorts zahlreich in den Blüten der weißen Anemone findet.

Wir haben nunmehr einen Einblick genommen in die Gesichtspunkte, welche auch in der sinnverwirrenden sommerlichen Lebensfülle den Weg zu besonnener fruchttragender Arbeit leiten. Und die angeschlossenen Entwicklungsschilderungen haben neben den früheren dargetan, daß alle jene, welche sich der Erforschung der Entwicklung und Lebensgewohnheiten der Kerftierwelt widmen wollen und die sich zu beschränken wissen, um so reichere Früchte erwarten dürfen. Der Frühling hat uns bereits mit den wichtigsten Sammelgeräten und ihrer Verwendung bekannt gemacht. Wohin aber lenken wir unsere Schritte? Es ist ein sonnenklarer erster Julitag, sengend heiß flimmert die Luft. Niemals sonst lädt der Waldschatten so herzlich ein, ihn aufzusuchen; nie sonst umfängt uns der Laubdom in so andachtsvollem Schweigen.

Es ist ein Mischwald, mit eingestreuten Fichtenbeständen und einigen Kiefern, der Hauptmasse nach alte Rotbuchenstämme, umfaßt von vereinzelten stattlichen Eichen. Nun wir aufmerksam zwischen den Bäumen dahinschreiten, fällt uns schon von weitem der helle Sonnenschein auf, der sich ungedämpft über die Stämme eines Fichtenbestandes ergießt. Und wie wir uns dieser blendenden Tageshelle inmitten des dunklen Laubschattens nähern, ist uns, als ob es begänne zu regnen, um so stärker, je näher wir jener Stelle kommen. Da halten wir einen solchen „Tropfen" zwischen den Fingern: Raupenkot. Und Raupen sind es ohne Frage, welche die Tannen kahl gefressen haben und nun in verspäteten Massen über das benachbarte Buchenlaub hergefallen sind. Der Forstmann würde uns sofort aus der Gestalt des den Boden förmlich deckenden Kotes über die Schädlingsart belehren können, da er diesen Waldverwüstern ein praktisches Interesse entgegenzubringen hat.

Außer wenigen Blattwespen (z. B. Lophyrus pini L.) sind es nur Schmetterlinge, welche derart verheerend auftreten könnten: der Kiefernspanner (Bupalus piniarius L.), die Kieferneule (Panolis piniperda Panz.), der Kiefernspinner (Dendrolimus pini L.) und die Nonne (Lymantria monacha L.). Der Kot der Spinnerraupen besteht aus sechsmal gefurchten Walzen. Diese sind quer eingeschnürt, beim Kiefernspinner zweimal, dessen aus grobteiligen Nadelresten zusammengesetzter Kot daher sechsmal längsgeriefte, zweimal ringsum geschnürte walzige Stücke von blaßgrüner, später trübgelber Farbe darstellt. Der Kot der Nonnenraupe ist dagegen nur einmal quergeschnürt. Er besteht aus fein zerbissenen Nadelstücken oder Blattresten und hat stets dieselbe Gestalt, mag sie auf Kiefern oder Fichten, auf Eiche oder Buche fressen; nur seine Struktur wie Farbe stehen in enger Abhängigkeit von der Futterpflanze. Die Kiefern- oder Forleule erzeugt feinkörnige Kotballen von grüner Farbe, welche der Längsfurchen entbehren, aber deutlich zweimal ringsum eingeschnürt und an beiden Enden abgerundet sind. Die kleine Raupe des Kiefernspanners liefert feinkörnigen krümeligen Kot ohne eigenartige Gestalt. Je nach dem Alter der Raupen besitzen die Kotballen naturgemäß verschiedene Größe. Hätte uns hiernach nicht bereits der Umstand, daß sich der Befall von den Fichten auf den benachbarten Laubwald ausgedehnt hatte, darauf hingewiesen, so würden wir auch an der Kotform erkennen, daß wir Verheerungen der gefürchteten „Nonne" vor uns haben.

Dies bestätigt uns auch die Prüfung des Bodens, über den verschwenderisch Blatteile verstreut als Fraßreste des Schädlings liegen. So sind die Buchenblätter entweder am Stiel abgebissen und sonst unbeschädigt, oder am Grunde einseitig befressen, oder sie zeigen, daß die Raupe, die Ränder des Blattes, die Spitze und Mittelrippe verschmähend, das Blattinnere verzehrt, so daß der Rest etwa ankerförmig erscheint (Abb. 32). Trotz solcher nennenswerten Verschiedenheiten im Fraßbilde zeigt derselbe doch auch öfter für die Arterkennung völlig zureichende Merkmale. Er kann auch für die Kiefer in einem Benagen der Nadelfläche bestehen. Die Graufüßler (Strophosomus), ferner Brachy-

134   Im Wald und am Teiche zur Sommerszeit

deres incanus und der Kiefernspanner befressen den Nadelrand in Bogen oder terrassenartigen Absätzen. Zwei Rüsselkäferarten,

Abb. 32. Fraß von Nonnenraupen, *A* junger an Buche, *B* und *C* alter an Buche, *E* an Eiche, *D* kahl gefressener Buchenzweig mit neu austreibender Spitze. Nach Eckstein.

Metallites atomarius und Gneorrhinus geminatus, befallen junge, eben der Scheide entwachsene Nadeln; ersterer benagt sie von der Fläche, letzterer von der Kante. Ähnlich den jungen Nonnenraupen

berauben auch die jungen Blattwespenlarven die Nadeln platz=
weise der Haut und lassen die Gefäßbündel stehen. Ältere Blatt=
wespenlarven und junge Prozessionsspinnerraupen benagen sie so,
daß nur ein dünner Faden, die Mittelrippe, übrig bleibt. Er=
wachsene Nonnen= und Kiefernspinnerraupen verbrauchen die Na=
del bis herab zur Scheide. Die Larven von Brachonyx pineti
und die Raupe von Tinea piniariella Zll. minieren in den Nadeln.
Die Gallmücke Diplosis brachyntera entwickelt sich am Grunde
derselben innerhalb der Scheide, wo sich unter diesem Einflusse
eine gallenartige Verwachsung beider Nadeln bildet. Die Käfer
Brachonyx pineti und Galeruca pinicola nagen als Imago
Löcher in die Nadeln; die Beschädigung des ersteren zeigt sich als
kleiner Stich, die des letzteren als schmaler Riß.

Dieser Verschiedenheit des Fraßbildes entspricht auch eine ver=
schiedene Wirkung des Befalles auf die Nadel. Die vom
Spanner befressenen Nadeln werden grau, verlieren viel Harz
und sterben früher oder später ab. Ebenso die von Lophyrus,
vom Prozessionsspinner und der Gallmücke wie die von Galeruca,
Metallites und Gneorrhinus befallenen Nadeln. Der Fraß von
Brachyderes, Strophosomus, Brachonyx und zahlreichen anderen
Tieren aber kann bei sonst gutem Gesundheitszustande der Kiefer
überwunden werden.

Einzelne Forstschädlinge, wie der Fichtenborken= (Ips typographus L. [Abb. 33]) und der Harzrüsselkäfer (Pissodes harcy-
niae Hbst.), führen das Absterben nur vereinzelter Stämme her=
bei, deren Widerstandsfähigkeit sie durch ihre großen Massen lähmen
und bewältigen. Dann lassen sich bei rechtzeitigen Maßregeln die
übrigen Bäume vor dem Angriff bewahren. Andere Schädlinge
bleiben dagegen schon bei spärlichem Auftreten nicht auf einzelne
Stämme beschränkt. Es erklärt sich das aus der verschiedenen Art
ihrer Eiablage. Z. B. die Borkenkäfer wählen zur Schwärmzeit allein
solche Stämme, die nicht mehr völlig gesund sind; sei es, daß diese
durch die Kraft des Sturmes in ihren Wurzeln gelockert, vom

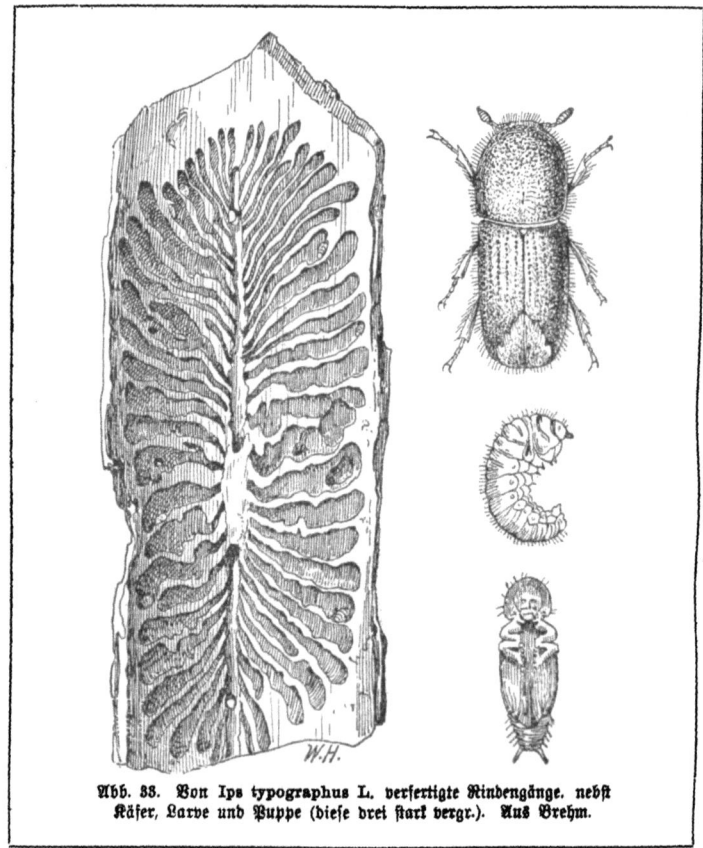

Abb. 83. Von Ips typographus L. verfertigte Rindengänge, nebst Käfer, Larve und Puppe (diese drei stark vergr.). Aus Brehm.

Blitz gestreift, vom stürzenden Nachbarstamme getroffen oder sonst geschädigt wurden. Solcher Stämme aber gibt es in wohlgepflegten Wäldern nur wenige; und diese wenigen gerade locken die Gesamtheit jener Käfer an, die sie befliegen, um in ihnen ihre charakteristischen Gänge zu nagen und in diesen ihre zahlreichen Eier niederzulegen.

Ganz anders etwa die Nonne; ihre Weibchen flattern von

Zweig zu Zweig, von einer Baumkrone zur anderen, um an den gesunden Nadeln gesunder Stämme ihre Eier abzulegen. Sie verteilt also ihre Brut von Anbeginn über ganze Bestände, und ihrer Ausbreitung läßt sich nicht derart durch Fällen und Entrinden einzelner, unschwer erkennbarer Stämme begegnen. Es ist nicht einmal immer leicht, das Herannahen solcher Nonnen= epidemien überhaupt vorauszusehen. Die Raupen verteilen sich unaugenfällig über das hohe Laub, ihre Puppen machen sich noch unsichtbarer, die Falter ruhen tagsüber: so können es für die Er= haltung und Vermehrung der Art besonders günstige Umstände bewirken, daß sich bis dahin verborgen gebliebene Feinde in kurzer Zeit derart stark vermehren, daß sie wie eine Pestilenz über die Kulturen des ahnungslosen Menschen herzufallen scheinen.

In unabsehbaren Wanderzügen sucht die Nonne dann wohl neue Gebiete für ihre verheerende Tätigkeit auf. So war es am 29. Juli 1852, als der Förster des Rotebuder Reviers in Ostpreußen sah, wie, vom Südwind getrieben, wolkenartige Massen fliegender Insekten seinem Gebiete nahten. Bald wirbel= ten sie in den Wald hinunter, so weiß und dicht, wie die Flocken im ärgsten Schneegestöber, und setzten sich auf die Fichten, Kie= fern und das Unterholz, daß es bald aussah, als habe es geschneit. Es war die Nonne.

Der Waldbestand mußte vor schweren Zeiten bangen. Ein nächstes Jahr, und Myriaden gefräßiger Nonnenraupen würden den Nadel= und Laubwald kahl fressen. Für den Fichten= bestand zugleich die Vorhersage des völligen Unterganges; denn nur der Laubwald kann im günstigen Falle eine solche Schädi= gung langsam überwinden, da er die Blätter neu zu sprossen ver= mag.

Man nahm sofort den Vertilgungskampf gegen die Nonne auf. Zunächst wurden alle Falter, deren man habhaft werden konnte, getötet. Am erfolgreichsten war das Einsammeln derselben bei Tage, den sie mit dachförmig über den Hinterleib gebreiteten

Flügeln an den Stämmen zubringen. Bei den ungeheuren Mengen, die zu Hunderten an einem einzelnen Baume ruhten, war es auch dem ungeübten Auge leicht, sie zu sehen. Auf der rissigen, mit verschiedenfarbenen Flechten bedeckten Rinde sind sie bei geringer Anzahl weniger augenfällig. Nachts wurden überall an geeigneten Stellen Feuer angezündet. Aber die jetzt lebhaft um die Baumkronen fliegenden Falter ließen sich dadurch nicht in erheblichem Maße anlocken; auch waren es meist Männchen.

Das zweite Drittel des August fand die Schmetterlinge tot. Man schritt zum Einsammeln der Eier in überaus mühseliger Arbeit. Denn die Eier sind nur etwa 1 mm im Durchmesser und nehmen, während sie bei der Ablage rosarot erscheinen, im Laufe der Zeit die unbestimmt bräunliche Färbung der Borke an. Überdies versteckt die Nonne sie zu 5—50 Stück sehr geschickt in Borkrissen, unter Rindenschuppen, Flechten und Baummoosen in jeder Höhe des Stammes; immerhin mehr am unteren Drittel. Junge, glattrindige Fichten, die keine solche Verstecke boten, blieben verschont.

Obwohl sehr sorgfältig, sogar mit Hilfe von Leitern, gesammelt wurde, und der Buntspecht und die verschiedenen Finken die Eier eifrig suchen halfen, auch die Larven des ameisenähnlichen Buntkäfers (Clerus formicarius L.) unter ihnen aufzuräumen schienen, wurden doch im nächsten Jahre zu Ende April und Anfang Mai in den abgesuchten Beständen zahllose Häufchen junger Raupen an den Stämmen beobachtet. Auch später, heranwachsend, ruhten sie bei Tage manchmal noch in den Rindenspalten, wo sie ihre Färbung gut verbirgt. Da sich die Räupchen während der ersten etwa 6 Tage in der Höhe ihrer Geburtsstätte zusammenzuhalten lieben, daher leichter zu bemerken sind als ihre Eier, bietet der Kampf gegen sie bessere Aussichten. Sie werden durch Verreiben mit an Stangen befestigten Wergballen oder durch Überstreichen mit „Raupenleim" getötet.

Doch läßt sich diese Maßregel immer nur über 8 bis 14 Tage

ausdehnen. Dann fangen auch die letzt ausgekrochenen Raupen an, in die Kronen zu wandern. Hierbei dient ihnen ihr Spinnvermögen dazu, unter fortwährendem Hinundherführen des Vorderkörpers, zickzackförmige Leitern zu fertigen. So führen die Fraßbahnen in der Regel von unten nach oben und von der Mitte der Krone nach außen. Auf Buchen geschlüpfte Raupen scheinen im Mai gelegentlich auf die frischen Maitriebe der Fichten überzuwandern; sonst verlassen sie den einmal gewonnenen Weideplatz im allgemeinen nicht. Die Erwachsenen, deren Spinnfähigkeit nur noch gering ist, bringt selbst der Hunger kaum noch zum Wandern. Sie stürzen meist ermattet von den kahlgefressenen Bäumen herab und verpuppen sich am Stamme oder im Unterholz unter der Schirmfläche des Baumes; sofern sie nicht ihren Feinden, zu denen sich auch die Frösche bisweilen gesellen sollen, zum Opfer fallen oder verhungert sterben.

Trotzdem sich die Nonnenraupen nicht den schwanken Blättern anzuvertrauen pflegen, sondern ihre Tagesruhe an den Zweigen und Ästen nehmen, werden sie doch nicht selten massenhaft durch Stürme von den Bäumen abgeschüttelt oder durch Platzregen und Hagel zu Boden geworfen. Dann machen sie sich oft nicht die Mühe, wieder auf die Bäume hinaufzuklettern, sondern fressen vom Heidel= und Preißelbeerkraut an deren Füßen, ohne daß ihre Entwicklung dadurch beeinflußt würde.

Vor denen, welche wieder aufkriechen, kann man die Bäume durch Leimringe schützen. Dabei hat es sich als beachtenswert erwiesen, Aststummel oberhalb der Ringe zu entfernen; sonst möchte es jüngeren, noch spinnkräftigen Raupen wohl gelingen, dadurch daß sie Gespinstfäden fliegen lassen, welche sich an den Aststummeln fangen (Schleierbildung), Brücken über die Leimringe zu bauen.

Um die Raupen zum Verhungern zu bringen und einer weiteren Ausdehnung auf nonnenfreien Beständen vorzubeugen, legt man rings um die angegriffenen Waldteile so viele Bäume nieder, daß die Raupen nicht von einer Krone zur nächsten gelangen können,

und leimt dann alle Bäume in einem etwa 20 m breiten Schutz=
gürtel am Rande des befallenen Bestandes. Die unterhalb der
Leimringe sich häufenden Raupen lassen sich absammeln und töten.
Um diejenigen Raupen dagegen, welche scheinbar anlaßlos stamm=
abwärts gewandert sind und sich oberhalb der Ringe gestaut ha=
ben, braucht man sich nicht bekümmern; ja es wäre unklug, sie zu
vernichten, da sie den Todeskeim bereits tragen und die spätere
Hilfe der betreffenden Parasiten mit den Raupen vernichtet würde.

Zur Verpuppung sucht die Nonnenraupe nicht die Erde auf,
sondern kriecht unter Flechten und Baummoose; am liebsten wählt
sie Risse in der Rinde als Puppenwiege. Vor dem Riß spinnt
sie wenige Fäden hin und her, um sich derart frei zu verpuppen.
Die Puppe ist mit dem Aftergriffel festgesponnen, der einen Kranz
aufwärts gekrümmter Häkchen trägt; dunkelbraun bis bronzeglän=
zend. So ist sie mit ihrem finsteren Kleide und der aus Haar=
büscheln gebildeten weißen Kapuze wohl einer Nonne in ihrer
Zelle verglichen worden.

Da die Puppen über die ganze Höhe der Bäume zerstreut und
versteckt werden, verspricht der Versuch, sie auf einem größeren
Gebiet zu sammeln, keinen merklichen Erfolg. Die Verpuppung
beginnt Ende Juni oder anfangs Juli. Von Mitte Juli an krie=
chen die Schmetterlinge aus; ihre Hauptflugzeit währt bis Mitte
August. Blütennektar birgt der Wald jedenfalls zu jener Zeit
nicht. Die Nonnenfalter nehmen aber auch keine Nahrung auf;
ihre Mundwerkzeuge sind verkümmert und zur Nahrungsaufnahme
überhaupt unbrauchbar. Sie zehren noch von den im Raupen=
stadium aufgespeicherten Nährstoffen.

Welche Unmenge von Schmetterlingen im Rotebuber Revier
im Sommer 1853 trotz der vorhergehenden energischen
Verfolgung geflogen haben müssen, mag daraus geschätzt wer=
den, daß vom 3. August jenes Jahres bis zum 8. Mai auf einer
Fläche von etwa 36 qkm an 150 Millionen Eier gesammelt wur=
den. Trotzdem gelangte 1854 eine so unerhört große Anzahl von

Raupen zur Entwicklung, daß ihr Kot wie ein dichter Regen ununterbrochen von den Bäumen herniederprasselte und schließlich mehrere cm hoch den Boden bedeckte. Das Insekt hatte obgesiegt, der Mensch war in dem Kampfe völlig unterlegen, nutzlos das viele Geld für die Bekämpfung weggeworfen.

Die ganzen 84 qkm des Rotebuder Reviers wurden erschöpfend kahlgefressen. Kahle Laubwälder führt uns jeder Winter vor Augen; aber von der trostlosen Öde und unheimlichen Stille eines gänzlich seiner Nadeln beraubten Fichtenwaldes, dessen Äste und Zweige an den toten Stämmen riesigen Schachtelhalmen der Urzeit gleich in die Lüfte starren, wird man sich kaum eine Vorstellung machen können. Nur der versengte Nadelwald bietet ein ähnliches Bild.

In diesem Totenwalde, weithin kenntlich durch ihr dichtes Grün, waren die eingestreuten Erlen und fieder- auch fingerblättrigen Laubbäume, so Akazien, Eschen und Roßkastanien, unversehrt geblieben, deren Laub die Nonnenraupen auch bei größtem Hunger zu verschmähen scheinen. Außerdem noch einige Fichten und Kiefern; wie gefeit unter ihren toten Genossen! Es waren diejenigen, unter welchen Ameisen (Formica rufa L.) ihren Bau errichtet hatten und eine strenge Waldpolizei ausübten.

Der Schaden war ungeheuer. Ungezählte cbm Holz mußten in den nächsten Jahren und zwar möglichst schnell gefällt werden, damit nicht der Nonnen- noch eine Borkenkäferplage folgte, die dennoch nicht ausblieb. Den Bestand an Fichten und Kiefern, deren Nadeln sich erst in 3 Jahren erneuern, vernichtete der Nonnenbefall vollkommen. Besonders die Fichten zeigten nur geringe Widerstandskraft, die ohnedem, aus ihrer Heimat im feuchten Gebirge ins Tiefland versetzt, der Luftfeuchtigkeit entbehren und nun schattenlos der brennenden Juli- und Augustsonne ausgesetzt waren.

Die außerordentliche Vermehrung hatte im Kampfe zwischen Mensch und Tier alle Bemühungen des ersteren zur Ohnmacht verdammt; sie wurde nun aber auch schließlich dem Tiere selbst zum Verderben. Die Bäume waren kahl, ehe die Raupen ausgewachsen waren; diese fanden keine Nahrung mehr. In dem Hunger erstand ihnen ein Feind, der sie zu bezwingen wußte. Den durch ihn geschwächten Tieren versagte die Widerstandskraft, und es brach unter ihnen eine Seuche aus, die „Wipfelkrankheit", welche durch einen Spaltpilz (Bacterium monachae v. Tub.) hervorgerufen wird. Dem Hunger ähnlich vermag auch nasse und kalte Witterung diese Massensterbe einzuleiten. Verminderte Freßlust, Verdauungsstörungen, schließlich ein völliges Erschlaffen sind die Vorzeichen des Todes. Wie in Fieberhaft kriechen die erkrankten Raupen umher, nach oben, setzen sich, oft zu vielen Tausenden, klumpenweise in den Astwinkeln und namentlich an den äußeren Wipfeln fest, die dann gegen den Himmel gesehen keulenförmig verdickt erscheinen. Hierbei löst sich unter Mitwirkung von Fäulnisbakterien das ganze Innere der Raupe in eine braune fettige Flüssigkeit auf, die sich, da jene meist an den mittleren Afterfüßen tot herniederhängt, besonders im vorderen Leibesende ansammelt. Der jauchige Körperinhalt bringt dann wohl hervor und mit ihm die Spaltpilze, welche die Krankheit weiter übertragen.

Daneben aber hatten sich zwei nicht minder furchtbare Feinde eingestellt, deren Dasein und Wirken bei dem Massenauftreten der Raupen in den Jahren zuvor nicht sonderlich aufgefallen war, die aber unter den günstigsten Lebensbedingungen der Vorjahre eine unglaubliche, noch stärkere Vermehrung gezeigt hatten als die Nonne: Schlupfwespen und Raupenfliegen. Raschen, unsteten Fluges (daher Tachinen) umschwärmen die letzteren die Wipfel der befallenen Bestände, fortwährend auf der Suche nach Raupen. Diesen kleben sie ihre bogig gestreckten weißen Eier außen in die Ringeinschnitte an. Die ausschlüpfenden, kopf- und fußlosen Fliegenlarven bohren sich mit ihren Mundhaken in die Raupen ein und töten sie entweder noch als Raupen oder gehen in die Puppen über. Herangewachsen verlassen sie das Innere

Im Wald und am Teiche zur Sommerszeit

ihrer Wirte, um sich in der Erdbodendecke als Tönnchen zu verpuppen, dort zu überwintern und im nächsten Frühjahre auszufliegen.

Die Schlupfwespen dagegen, in größerer Zahl echte Ichneumoniden sowie Braconiden in Raupen und Puppen, stechen die Raupen an und legen ihre Eier direkt in sie hinein. Die von Parasiten befallenen „madensüchtigen" Raupen kriechen matt umher, den Stamm hinunter. Frühzeitig mit Tachinen-Larven infizierte Raupen gehen schon vor der Verpuppung zugrunde. Soweit die übrigen nicht durch Leimringe aufgehalten werden, verpuppen sie sich zu mehreren, selbst in Zehnerzahlen, am Fuße der Bäume unter Moos, mit den Aftergriffeln traubenförmig aneinandergesponnen. Diejenigen von ihnen, welche nicht verschrumpfen, nachdem die Braconiden-Larven (Microgaster) sie verlassen haben, dienen so nur einer Menge von Raupenfliegen oder Ichneumoniden zur Wiege. Nur sehr selten erscheint noch ein jedenfalls verkrüppelter, flugunfähiger Falter aus solchen Puppen.

Sind Leimringe vorhanden, so häufen sich die absteigenden, von Schmarotzerlarven heimgesuchten Raupen oberhalb derselben an. Der Mensch würde also mit diesen Raupen seine erfolgreichsten Mitstreiter im Kampfe töten; man wird sie daher höchstens sammeln, um die Parasiten geschützter schlüpfen zu lassen.

Wenn die Larven von Microgaster erwachsen sind, ehe ihr Wirt den Boden erreicht, so fressen sie sich durch dessen Körperhaut hindurch und verpuppen sich außerhalb, meist am oder nahe dem Wirte. Diese tonnenförmigen Puppen bedeckten im Sommer 1854 wie Schnee so dicht das Unterholz.

Furchtbar räumten neben der Schlafsucht diese Verfolger unter den Nonnenraupen auf. Und zu ihnen als weitere Insektenfeinde der Puppenräuber (Calosoma sycophanta L.), der ebensowohl die Raupen frißt; er wie seine nicht minder gefräßige Larve, die gelegentlich bis in die höheren Äste der Bäume hinansteigen. Auch große Baumwanzen der Gattung Pentatoma kann man in allen Entwicklungsstadien an Raupen und Puppen saugend finden. Ebenso verzehren die Libellen manche Nonne. Allen diesen und manchen anderen Verfolgern gegenüber besitzt die Nonne keinerlei Abwehrmittel.

Zwar war deswegen die Plage mit dem Jahre 1854 noch nicht zu Ende, aber ihr Höhepunkt doch überschritten. Überdies begann das Verhalten des Schädlings Entartung zu zeigen. Die Raupen verpuppten sich nicht mehr in sorgfältig gewählten Verstecken, sondern ungeschützt an Ästen und Zweigen, an der Unterseite der Blätter des Laubholzes, im Unterholz. Die Schmetterlinge legten ihre Eier, statt den toten Wald zu verlassen, an die Wurzeln der Bäume und unter das Moos der Bodenstreu, an die Tabakpflanzen in den Gärten, an die Giebel von Häusern und an Bretterzäune. Die Weibchen hatten hiernach die für die Erhaltung ihrer Art unentbehrliche Fähigkeit verloren, eine für ihre Nachkommenschaft geeignete Nahrung zu wählen. Sie ließen zugleich bei diesem Mangel an passender Nahrung den Wandertrieb nach neuen Weideplätzen vermissen, welcher die dritte ihrer vorausgegangenen Generationen aus den vernichteten Wäldern an der polnischen Grenze in das Rotebuder Revier geführt hatte; wie spätere Nachforschungen ergaben.

Bis zum Jahre 1828 galt die Nonne in Deutschland als Feind nur der Kiefer, die sie dagegen in Frankreich nicht anrühren soll; vielleicht weil dieser nordische Baum dort nicht ursprünglich zu Hause ist. Daraus, daß sie im letzten Jahrhundert eine Menge anderer Pflanzen befallen hat, folgt nicht unbedingt, daß die früheren Beobachtungen ungenau gewesen seien. Es ist vielmehr wahrscheinlich, daß zunächst die Not, Nahrungsmangel bei Massenzunahme, die Raupen auf neue Futterpflanzen verbreitet hat, denen sich die Art weiterhin angewöhnte. Unter Umständen könnten wohl im Gefolge dieses abweichenden Futters Falterabänderungen entstehen, die allmählich zur Bildung neuer Formen leiten möchten.

Im Wald und am Teiche zur Sommerszeit

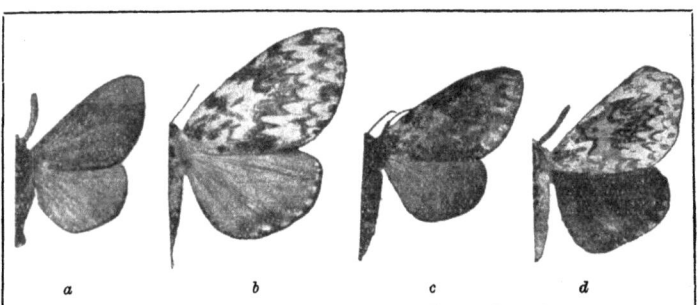

a   *b*   *c*   *d*

Abb. 34. Lymantria monacha L. *a* ♂ ab. eremita O., *b* ♀ Normalform, *c* trans. ab. eremita O als dunkelste Form einer Paarung vom ♂ *a* mit normalem ♀, *d* mosaikartig gefärbtes ♂ derselben Zucht. Nach Schröder.

Tatsächlich treffen wir beim späteren Absuchen des Gebietes nach Faltern eine außerordentlich veränderliche Ausdehnung der schwärzlichen Zeichnungselemente über der weiß schimmernden Grundfarbe an. Es gelingt uns, aus dem Beobachtungsmateriale in lückenlosen Übergängen Zusammenstellungen von der hellen Normalform oder selbst ausnehmend helleren Individuen bis zu jenen zu gewinnen, bei denen die schwarze Zeichnung in teils verschwommener Ausbreitung das Weiß im wesentlichen verdrängt hat (Lym. monacha L. ab. nigra Frr.). Neben diesen stark verdunkelten Abweichungen finden wir aber auch eine ausgeprägte melanistische Form (eremita O.: die „Einsiedlerin" im Gegensatz zur gemeinen monacha L. [Abb. 34]), der betrachteten Aglia tau ab. melaina Gross ähnlich; bei ihr erscheinen Grundfarbe und Zeichnung gleichmäßig von einem seidig schimmernden Schwarz übergossen. Sie ist in den letzten 20 Jahren überraschend schnell vorgedrungen; zuerst wurde sie aus den nordwestlichen Industriegebieten berichtet. Stellenweise, auch in Deutschland, hat sie bereits ihre Stammform an Zahl überflügelt. Südöstlich ist sie schon bis zu den Karpathen gelangt und, mit Überspringung des ungarischen Tieflandes, auch in Kroatien aufgetreten.

Dieses Verschwinden der Stammform müssen wir aus einer Überlegenheit der melanistischen Abweichung an Lebensenergie erklären. Sie bewirkt es, daß die eremita O. bei der Kreuzung mit der normalen monacha L., auf die sie sich jedenfalls bei dem ersten spärlicheren Auftreten angewiesen sieht, eine Nachkommenschaft erzeugt, welche vorwiegend der melanistischen Elternform gleicht. Die Wissenschaft hat diesen Erscheinungen der Vererbung seit altersher ihre Aufmerksamkeit geschenkt; sie ist zu Ergebnissen von allgemeinerer Gültigkeit gelangt, die uns doch, wenn auch nur kurz, beschäftigen müssen.

Wir beschränken uns auf eine Einsichtnahme in die Vererbungslehre bei der sog. Bastardzüchtung, wie sie gerade auch bei der Kreuzung zweier Rassen, so der Stammform monacha L. und der eremita O. in Frage kommt. Denken wir uns zwei solche Rassen, gleichviel ob eines Tieres oder einer Pflanze, und beachten wir ein einzelnes, ganz bestimmtes Merkmal, sei es der Gestalt, der Farbe, oder sonstwelches, das unter beliebig vielen anderen Merkmalen bei ihnen verschieden sei. Im einfachsten z. B. dem obigen Falle ein Merkmal (der den Melanismus bedingende Farbstoff), das bei der einen Rasse fehlt (monacha L.), bei der anderen vorliegt. Und nun kreuzen wir beide Rassen, wobei es gleichgültig ist, welche wir als Männchen und welche wir als Weibchen verwenden.

Wir erhalten dann aus dieser Elterngeneration eine Kindergeneration, die äußerlich in bezug auf jenes Merkmal vollständig der Elterngeneration gleichen kann, und zwar in der überwiegenden Mehrzahl der Fälle dem, der das positive Merkmal (das betr. Pigment) besitzt. Im vorliegenden Beispiele wäre somit die gesamte Nachkommenschaft voll ausgefärbt, melanistisch. Man sagt, gefärbt sei herrschend (dominant) über ungefärbt. Das alleinige Sichtbarwerden z. B. des melanistischen Schwarz gegenüber dem Grundfarbenweiß ließe sich etwa verstehen, wie das Unsichtbarwerden einer farblosen Glasplatte nicht nur dann, wenn

Im Wald und am Teiche zur Sommerszeit

sie unter einer gleich großen schwarzen, sondern auch wenn sie oberhalb derselben liegt.

Aus einem beliebigen Geschwisterpaare dieser ersten Mischlingsgeneration züchten wir nun eine zweite, die Enkelgeneration. Wiederum ist die melanistische Erscheinung vorherrschend, aber doch nicht mehr ausschließlich. Auch die andere Eigenschaft, die gewöhnliche monacha L., welche in der Kindergeneration fehlte, gleichsam übersprungen war, tritt wieder auf. Sind die Nachkommenzahlen hinreichend groß,

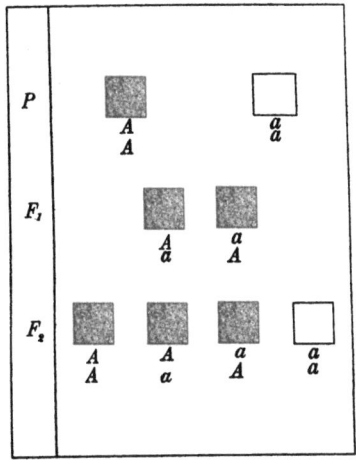

Abb. 35. Schema der alternativen Vererbung. P Eltern-, F_1 Kinder-, F_2 Enkelgeneration; A das dominante, a das schwächere (rezessive) Merkmal. Nach Przibram.

um zufällige Abweichungen auszuschließen, so zeigt ein Viertel das helle Aussehen, d. h. die mehr zurücktretende (rezessive) Eigenschaft. Drei Viertel der Nachkommen dagegen sind Melanismen (Abb. 35).

Um diese Verhältnisse gründlicher zu durchschauen, bedürfen wir noch einer Urenkelgeneration. Hier fällt das Züchtungsergebnis nicht mehr gleich aus, wenn wir ein beliebiges Pärchen wählen. Beginnen wir mit einem solchen, das die dominante Eigenschaft, im vorliegenden Falle das melanistische Aussehen, besitzt, so wird sich meistens dieselbe Aufspaltung wiederholen. Wir erhalten wiederum drei Viertel schwärzliche, ein Viertel helle Tiere. Wir könnten aber auch auf ein anderes (melanistisches) Pärchen stoßen, das nicht einmal mehr dieses eine Viertel ungefärbter (grundfarbenweißer) Nachkommen abspaltet, sondern immerdar, in beliebig fortgesetzter Generationsfolge, lauter gefärbte (melanistische) liefert.

Da die betreffenden gefärbten Exemplare der Urenkelgeneration alle gleich aussehen, ist es erst nach vielem Herumprobieren, durch Beteiligung sämtlicher Individuen an der Zucht endlich gelungen zu erkennen, daß es wieder ein bestimmtes Viertel ist, das ausschließlich gefärbte Tiere (Melanismen) erzeugt, ohne je wieder ein ungefärbtes Tier (die gewöhnliche monacha L.) hervorzubringen. Nur die übrigen zwei Viertel, mithin die Hälfte überhaupt der Enkel, erhält eine Nachkommenschaft, die zu drei Viertel gefärbt (dominant), zu ein Viertel ungefärbt (rezessiv) ist.

Betrachten wir endlich noch die Abkömmlinge der untereinander gepaarten ungefärbten (hellen monacha L.) Enkel, so ergeben diese Paarungen durchweg und für alle Zeit vollkommene Rassereinheit der ungefärbten (rezessiven) Form. In den beiden reinrassig fortzüchtenden Vierteln sind also schon bei den Enkeln die reinen Rassen der ursprünglichen (elterlichen) Zuchtexemplare wieder erschienen; während man früher annahm, daß sie, einmal gekreuzt, ein nicht mehr trennbares Gemisch erzeugten. Die Feststellung hat nur das eine herausgegriffene Merkmal betroffen. In bezug auf weitere Merkmale braucht die Aufspaltung natürlich nicht gleichzeitig zu erfolgen, können vielmehr verwickelte Beziehungen vorliegen.

Nun lassen Rassenkreuzungen durchaus nicht immer derartige reine Aufspaltung erkennen (Abb. 36). Benutzen wir z. B. die gewöhnliche monacha L. und eine durch Zeichnungsausdehnung stark verdunkelte ab. nigra Frr., so schließt sich das Ergebnis vielleicht dem anderen Falle an: Die Kindergeneration trägt nicht ausschließlich das Merkmal des einen Elterntieres, sondern besitzt das betr. Merkmal beider Eltern gemischt. Diese Mischung kann eine gleichförmige sein; so würde aus Schwarz und Weiß grau, aus Rot und Weiß rosa entstehen. Aber aus monacha L. $\times$ ab. nigra Frr. bilden sich Formen, welche bezüglich der Zeichnungsbreite eine Zwischenstufe aufweisen. Zudem vermag die Mischung aber selbst mosaikartig hervorzutreten, so daß ein Körperteil nur das positive, ein anderer nur das negative Merkmal besitzt; d. h. gefärbt und ungefärbt würden dann geschecktergeben.

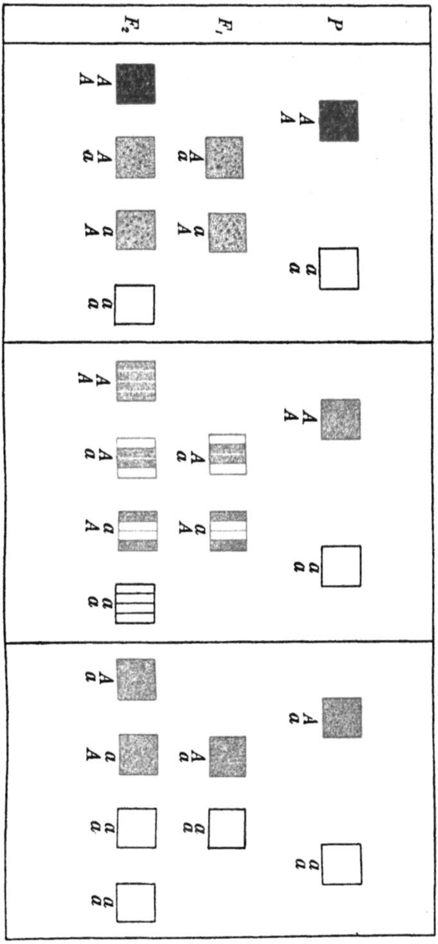

Bei solchem Verhalten der beiden Prägungen des Merkmales ist es nicht schwer, unter der Enkelgeneration die elterlichen Ausgangstypen in je einem Viertel, die Mischform in den übrigen zwei Vierteln nachzuweisen. Wollten wir auch diesmal die Untersuchung durch Aufziehen

Abb. 36. Vererbungsschemen. I Gemischte (intermediäre) Vererbung, II Schecken- (partitulare) Vererbung, III Kreuzung zwischen einem Merkmal aus ungleichartiger Anlage (Aa) und einem solchen aus gleichartiger (aa). (Buchstabenbewertung siehe Abb. 35.) Nach Plate.

einer Urenkelgeneration abschließen, so hätten wir nicht, wie zuvor, nötig, die rein züchtenden Rassen erst zu suchen. Diese sind vielmehr in Gestalt jener Enkel, die so aussehen wie ihre Großeltern, sofort sichtbar. Und auch die Mischlinge geben sich durch ihr Äußeres unmittelbar zu erkennen; sie werden ihrerseits ausge=

färbte, halbgefärbte und ungefärbte Nachkommen (Urenkel) im Verhältnis 1:2:1 liefern.

Die Betrachtungen erschweren sich aber sehr erheblich, sobald wir die Schicksale mehrerer Merkmalpaare berücksichtigen wollen. Ich möchte nur noch versuchen, etwa für den Tatsachenbestand der ersten Gruppe (etwa monacha L. $\times$ eremita O.) ein tieferes Verständnis anzubahnen. Bezeichnen wir die positive Eigenschaft (das den Melanismus bedingende Pigment) mit A, die Abwesenheit derselben mit a, so sind die Kinder eines derartigen Elternpaares unvermeidlich aus dem Merkmale Aa zusammengesetzt. Da A über a herrscht, ist das Aussehen dieser Kinder auf A gestimmt (alle melanistisch). Die beiden Eigenschaftsanlagen A und a haben sich aber in den Keimen nicht verschmolzen, nicht vermengt, sondern nur nebeneinander gelegt, ohne sich gegenseitig zu beeinflussen. Sie können sich also wieder trennen und in beliebiger Vereinigung zusammenfinden.

Die Wahrscheinlichkeit spricht dafür, daß sich die überhaupt möglichen Verbindungen (Kombinationen), also AA Aa aA aa, gleich oft ereignen werden. Hierin stellen eben AA und aa die reinrassigen Enkel zu je einem Viertel dar, Aa und aA die zwei gemischtrassigen weiteren Viertel mit beiden Merkmalen, von denen aber nur das herrschende A sichtbar wird. Wir verstehen danach, wie die Enkelgeneration zu drei Viertel gefärbte Individuen aufweisen konnte. U. s. f. für die Formen Aa und aA. So wird es begreiflich, wie sich eine dominierende Form wie ab. eremita O. in wenigen Jahrzehnten zur überwiegenden zu erheben vermag.

Diese Erscheinungen der Vererbung von Merkmalen sind allerdings kein durchgehendes Gesetz. Es ist auch nicht vorauszusagen, ob ein Merkmalpaar sich ausschließe, sich mehr oder minder gleichförmig menge oder Schecken erzeuge. Hier eröffnet sich für jeden gewissenhaften Züchter ein Ausblick auf verdienstvolle Forschungen.

Besonders das erstmalige Auftreten neuer Rassen in

Im Wald und am Teiche zur Sommerszeit

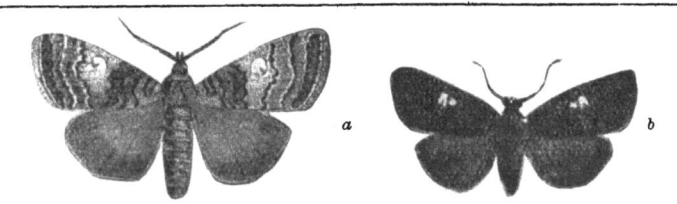

Abb. 37. Cymatophora flavicornis (L.) Cl. [= or F.] *a* Normalform, *b* mutierte ab. albigensis Warnecke. Nach Hasebroek.

einer Gegend verdient aufmerksame Beachtung, sowohl in bezug auf ihr Verhalten bei Kreuzungen mit der Stammform, wie auch mit dem Ziele, einen Einblick in die Ursachen dieser Rassenbildung zu tun. Ein solches erstes Erscheinen ist z. B. seit 1904 für eine melanistische Form des sehr verbreiteten und gemeinen Nachtfalters Cymatophora flavicornis (L.) Cl bei Hamburg beobachtet worden. Diese ab. albigensis Warnecke (Abb. 37) wurde plötzlich im Jahre 1904 und zwar sofort tief sammetschwarz (bis auf die hell gebliebenen „Makeln") mit nur bisweilen schwach durchschimmernden Querbinden beobachtet. Gleich in den nächsten Jahren wurde sie durch den Nachtfang an Zuckerköder vereinzelt erbeutet, im Jahre 1910 aber schon in 10 Stück.

Seitdem, da man die Raupen einzutragen angefangen hat, nimmt das Tier in den Sammlungen unerwartet schnell zu; zumal die Raupen einzelner Fundstellen bis zu 90% und 95% der melanistischen Form ergaben. Bis heute fehlen Übergänge zur Stammform; die Abänderung ist demnach sofort in scharfer weiter Trennung (Mutation) von der Stammform aufgetreten. Hier kann es nach den ferneren Feststellungen kaum zweifelhaft sein, daß örtliche Bedingungen für das Auftreten der Mutation in Frage kommen. Sie ist noch nirgend anderswo gefunden denn bei Hamburg und dabei an die Nähe der Großstadt so sehr gebunden, daß man sie aus eingetragenen Raupen schon in Entfernung von 1 Stunde Bahnfahrt nicht mehr erhalten hat.

Aber auch um Hamburg selbst verteilt sich ihr Vorkommen nicht etwa gleichmäßig; aus reichlich gezüchteten Raupen sind vielmehr erhalten: aus dem Westen 1%—0%, aus dem Süden 0%, aus dem Norden 0,2%—0%, während die östliche und nordöstliche Gegend je 2mal 90%—100% und je 2mal 50% der Abänderung lieferten. Diese Richtung nach Osten jedoch würde entschieden mit jener zusammenfallen, nach welcher in Hamburg vorzugsweise der Wind weht. Dorthin müßten dann aber auch am ausgiebigsten die Ausdünstungen der Stadt: Ruß und Rauch gelangen und sich mit den Niederschlägen auf die Vegetation senken. Da die Hauptfundstellen überdies östlich bz. nordöstlich an großen Fabrikanlagen liegen, möchte man hieraus schließen, daß die Ausbildung der Abänderung auf diese Umstände als auslösende Bedingung zurückzuführen sei.

Die Kreuzung der ab. albigensis mit der Stammform or F. hatte 9 Stücke der ersteren nebst 3 der letzteren, aus derselben Zucht nach Überwinterung der Puppen weiter 20 Exemplare der Abänderung gegen 6 der Stammform ergeben. Das würde mit unseren Ausführungen über die Vererbungsregeln übereinstimmen. Die elterlichen Falter würden, wie zu erwarten, unseren Verbindungen Aa bz. aA entsprechen. Da gefärbt, das melanistische Äußere, herrscht, mußte ¾ der Nachkommenschaft dieses Merkmal zeigen. So ist es bei jener Zucht in der Tat gewesen.

Für die erfolgreiche Bekämpfung eines Schädlings wird allerdings eine solche Vertiefung in Fragen der Rassenbildung und Vererbungsgesetze gleichgültig sein. Sie verlangt vor allem die eingehendste Kenntnis der Lebensgewohnheiten des Tieres. Diese sind nur zum Teil durch Beobachtungen im Freien, die stets unentbehrlich sein werden, zu bestimmen. Manches läßt sich bequemer und zugleich sicherer durch die Aufzucht der Art oder auch des Einzeltieres unter der Natur nach Möglichkeit gleichgestimmten Entwicklungsbedingungen erkennen. Material für solche Zuchten liefert fast jeder Spaziergang; es lassen sich aber auch besondere Verfahren benutzen.

Z. B. für die Kiefernfeinde: Kiefernschwärmer, Kiefernspinner, Forleule, Kiefernspanner und Kiefernblattwespen werden am zweckmäßigsten auf dem Wege des „Probesammelns", wie es der Forstmann ausübt, erbeutet. Daneben lassen sich auch viele andere Formen, so: Laufkäfer (Carabiiden), Schnaken- (Tipuliden-) Larven, Raupenfliegen- (Tachinen-) und Schlupfwespen- (Ichneumoniden-) Kokons, finden. Beim Sammeln sind die Beobachtungen über die Verbreitung an den verschiedenen Örtlichkeiten auch nach dem Zahlenverhältnis der einzelnen Arten alsbald festzuhalten.

Zu dem Verfahren des Probesammelns: Da viele Schädlinge u. a. stammabwärts wandern, andere sich auch, nachdem sie eine Strecke am Zweig oder Ast herabgestiegen sind, fallen zu lassen pflegen, so liegen die meisten derselben in der näheren Umgebung der Stämme, etwa bis zu einem Abstande von 50 cm dichter, bis zur Entfernung von 1 m spärlicher, weiterhin einzeln. Die Raupen und Puppen liegen an der unteren Grenze des Moospolsters oder in der mehr oder minder hohen darunter befindlichen Schicht vermodernder Pflanzenreste (im Humusboden), auch noch an der Grenze zu dem unterlagernden Sande, oder gar, wenn die Humusschicht nur dünn ist, in der oberen Sandschicht selbst.

Um die Tiere möglichst vollzählig zu erhalten, wird vorsichtig vom Stamme aus eine etwa 20 cm breite, $\frac{1}{2}$ m lange Moosdecke eingeschlagen, an der Unterseite betrachtet und hiernach gegen den Körper des Arbeitenden zurückgeschoben. Durch Wiederholung wird die entblößte Fläche vergrößert, bis zur Entfernung von 1 m vom Stamm. Nach der Seite weiterrückend wird auf diese Weise der Stamm umkreist. Zu dieser Arbeit benutzt man bei gelindem Wetter und lockerer Bodenschicht die Hand; sonst eine kurzstielige 20 cm breite Hacke. Diese kann sich jeder leicht selbst anfertigen; ihre Zähne bestehen aus Holz oder schmiedeeisernen Nägeln.

Ist die Moosdecke umgewendet, abgesucht und zurückgeschlagen, sind die gefundenen Insekten untergebracht, dann wird die freigelegte Fläche unter langsamem, sorgfältigem Abheben der Humusschicht bis auf den Rohboden durchsucht.

Bei jedem Sammeln im Freien ist Art und Zeit des Fanges möglichst genau zu vermerken, auch eine Angabe über die Witterung und Windrichtung (bei flugfähigen Formen) oft wünschenswert. Ferner, an welcher Futterpflanze, ob am Boden oder Stamme oder wo sonst gefunden. Die Feststellung der Nahrung erscheint besonders wichtig, gerade aus Beobachtungen im Freien. In der Gefangenschaft verhalten sich manche Tiere anders, bei allem erforderlichen Bemühen, die Aufzuchtbedingungen tunlichst den gewohnten natürlichen Verhältnissen anzupassen. Doch können auch die durch Aufzucht gewonnenen Erfahrungen insofern recht wertvoll werden, als sich durch geschickt abgeänderte Versuchsanordnungen bestimmte Fragen eher beantworten lassen; z. B. bei den Temperaturexperimenten.

So wären, um auch hierzu einiges herauszugreifen, Versuche erwünscht über „Mordraupen" (d. h. ihresgleichen fressende), darüber, wie sich Raubkäfer, Raubwanzen, Raubheuschrecken solcher Beute gegenüber verhalten, welche unter dem Schutze einer ihrem gewohnten Aufenthaltsorte ähnelnden („sympathischen") Färbung leben, bz. jenen gegenüber, welche durch Ausscheidung ätzender oder von Riechstoffen ausgezeichnet sind und dann auch sehr lebhafte Farben (Trutzfärbung) besitzen können. Zweifellos wirken diese gegen manche Tiere abstoßend, für den Besitzer also schützend. Gegen andere Tiere aber müssen sie wirkungslos sein; denn sonst hätten sich die so bewehrten Tiere längst ins Ungemessene vermehrt.

Auch sonst sind wir über die Nahrung mancher Insekten, auch gemeiner Arten, nur mangelhaft unterrichtet. Wenn und was fressen sie, auch wie? Etwa das Blatt vom Rande (viele Falterraupen), oder benagen sie es von der Epidermis, d. h. skelettieren sie es (wie die „Bürstenspinner"-Raupe Dasychira pudibunda L.), fressen sie Löcher („Blattkäfer" [Chrysomeliden])? Ferner, inwiefern durch die Art und Menge der Nahrung der Jugendstadien etwa Form, Farbe und Größe der Imagines beeinflußt werden könnte? Ob durch verschiedene Nahrung der Raupen ihre Färbung geändert werde? Wie pflegt das Tier zu ruhen, ausgestreckt oder gekrümmt (Cimbex-Larven), an Blatt, Zweig, Rinde oder Knospe, einzeln oder zu mehreren beieinander oder zahlreich, versponnen oder frei, usf.

Unsere Kenntnis der Jugendstadien und Lebensgewohnheiten ist sehr oft arg lückenhaft. So wurde erst vor wenigen Jahren festgestellt, daß die gemeine Schlupfwespe Apanteles glomeratus L., deren goldgelbliche Kokons oft in größerer Zahl erwachsene tote Kohlweißlingsraupen an Mauern, Planken, Bäumen bedecken, nicht, wie man zuvor allgemein annahm, die Raupe mit ihren Eiern belegt, sondern schon das Ei. Von zahlreichen Insekten sind weder die Eier, noch die Larvenformen hinreichend bekannt. Der einzig sichere Weg dieser Erweiterung unserer Kenntnis ist der, die ganze Entwicklung im Zusammenhange zu verfolgen. Die Zucht ist wohl manchmal, aber nicht immer ganz leicht. Die zunehmende Erfahrung wird ein Mißlingen immer seltener werden lassen. Blätterfressende (phytophage) Larven und Raupen kann man häufig in bequemster Weise so züchten, daß man um ihren Fraßzweig an Ort und Stelle einfach einen Gazebeutel bindet.

Gehen die Larven aber zur Verpuppung in die Erde, werden wir uns des Zuchtkastens zu bedienen haben. Das Futter sei frisch, nicht naß. Der gereichte Zweig, der Raum finden muß, sich im Zwinger in natürlicher Weise auszubreiten, sei genügend groß, um der Raupe reichlich Nahrung zu geben Er wird in ein kleines, mit Wasser gefülltes Gläschen eingestellt, dessen Kork entsprechend am Rande ausgekerbt ist. Bei jedesmaligem Futterwechsel wird der Kot entnommen; er mag auch für die eine oder andere Art gesammelt, getrocknet und gewogen, auch gelegentlich bei von Nadeln lebenden Raupen auf die Menge bz. das Gewicht der verzehrten Nahrung bezogen werden. Die so erhaltenen Werte ergeben dann gewisse Beziehungen zur Gewichts- oder z. B. zur Längenzunahme der Fresser.

Sind die Entwicklungsverhältnisse der betr. Art bereits hinlänglich bekannt, so wird man sich diese Kenntnis bei der Zurichtung der Aufzuchtbedingungen zunutze machen. Sonst muß man diese möglichst vielseitig gestalten, damit die Larve sich die ihr zusagenden auswählen kann. Manche Arten benötigen zu ihrer Entwicklung länger als 1 Jahr; nicht selten liegt allein die Puppe mehrere Jahre im Boden, der während dieser Zeit weder zu trocken, noch naß werden darf. Das erfordert Geduld wie Achtsamkeit, soll nicht die Zucht vorzeitig zugrunde gehen. Die Zucht muß überhaupt ständig unter sorgfältiger Aufsicht sein. Schlüpfen dann schließlich dennoch statt der erwarteten Insekten ihre Parasiten aus, darf der Verdruß hierüber nicht hindern, sie zu konservieren.

Die Entwicklungsstadien werden, wenigstens soweit sie nicht gut bekannt sind, nach Form (Eier) und Gestalt, nach der Färbung, Struktur der Körperoberfläche, Behaarung, etwaigen Körperanhängen durch Abgreifen mit dem Zirkel und Auftragen auf einen mm-Stab gemessen, auch skizziert. Oft tun schematisierte Darstellungen die besten Dienste. Jede Veränderung, jede auffallende Erscheinung wird in einem Tagebuch, das chronologisch alle gemachten Beobachtungen faßt, vermerkt. Belegstücke sind, wenn sie das Material irgendwie entnehmen läßt, aufzubewahren. Auch Fraßstücke, so die beim Futterwechsel herausgenommenen, befressenen Zweigchen oder niedrigen Pflanzen, welche in der Pflanzenpresse getrocknet werden mögen.

Für die Aufzucht dienen Einmachegläser, welche durch einen Faden oder Gummiring mit Gaze geschlossen werden. Auch die aus Glasguß billig gefertigten „Aquarien" (Elementengläser) lassen sich bestens benutzen; zum Verschließen würde man sich einen den Rand ringsum übergreifenden geschlossenen Drahtbügel von hinreichender

Im Wald und am Teiche zur Sommerszeit

Schwere anfertigen können, den man mit Gaze übernäht. Natürlich gibt es käuflich auch sauber aus Holz (in kleinerem Maßstabe auch aus Karton) mit Glastüren, Messinggazewänden gearbeitete Zuchtbehälter, die oft zusammenlegbar und namentlich für die Zwecke der Reise bequemer sind. Es ist besonders darauf zu achten, daß die Gläser nicht durch die Wasserverdunstung beschlagen; sie müssen einen hinreichenden Luftaustausch ermöglichen, sollen im allgemeinen hell, aber doch der Besonnung, jedenfalls der Mittagsglut nicht ungeschützt zugänglich stehen.

Für die Beobachtung von Kerfen und Kerflarven, die im Boden leben (z. B. Engerlinge, Mistkäferlarven, Totengräber, Maulwurfsgrillen, Cicindelen=Larven), wendet man einen besonders ersonnenen Behälter an, der jederzeit einen Einblick in die Gewohnheiten des Tieres zu nehmen gestattet. Der Behälter hat 2 Glaswände, die so weit voneinander entfernt sind, wie die Dicke des Tieres bestimmt, so daß es sich gerade zwischen ihnen bewegen kann. Beide Scheiben verhängt man mit einem für Licht undurchlässigen (photographischen Dunkel=)Tuch, welches während der Beobachtung zurückgeschlagen wird. Das Gerüst des Apparates läßt sich geeignet in folgender Weise aus verzinktem Eisenblech zurichten: Der Boden 60 × 13 cm groß ruht auf 6 Gummischeiben; er besitzt im 20 mm Verband 2 mm weite Löcher zum Abfluß von Wasser. An den schmalen Kanten des Bodens erheben sich zwei 50 cm hohe Seitenwände, auf deren einer Seite eine Glasscheibe fest eingefalzt ist. Die andere Scheibe läßt sich durch je in einem Schlitze laufende Schrauben verstellbar festklemmen. Die Entfernung wird nach der Dicke des einzusetzenden Tieres abgepaßt, zunächst Erde bis auf einen frei bleibenden oberen Rand eingefüllt, vielleicht noch Hafer o. a. gesät, und die Vorbereitung ist beendet.

Trotzdem wir uns nun bereits mit mannigfachem Beobachtungsmaterial bereichert haben und gewiß die Mahnung beherzigen werden, nicht mehr von solchem zusammenzutragen, als

158 Im Wald und am Teiche zur Sommerszeit

wir mit Sorgfalt zu beaufsichtigen vermögen, soll uns doch der Waldesrand noch einmal aufnehmen. Wir möchten einem der Ameisenhaufen (Formica rufa L.) einen Besuch abstatten, die uns bereits früher aufgefallen waren. Die riesige, aus trockenen Zweigstückchen, Grashalmen, Moos, Kiefern= und Fichtennadeln aufgetragene Masse stellt den Oberbau der Kolonie vor. Dieser bedeckt den in der Erde befindlichen Unterbau mit seinen vielen Kammern und Verbindungsgängen, die durch ihn z. T. nach außen führen. Derartige Nester desselben Gebietes stehen häufig durch Erdgänge und oberflächliche Straßen miteinander in Verbindung.

Wir schauen dem rastlos emsigen Treiben der Tierchen zu und unterscheiden bald beutebeladene, heimkehrende von den leer auslaufenden. Wie wir aber die Gänge verfolgen wollen und im Eifer einige Handvoll des Inhaltes des Oberbaues zur Seite werfen, da stürzt es allerenden hervor, da kribbelt und wimmelt es; schon zwicken sie zahlreich an der Hand, um den Goliath Störenfried abzuwehren. Wir sehen ein, daß wir so nie zu einer Beobachtung des Ameisenlebens gelangen würden, und halten nach einem zweckmäßigen Zuchtbehälter Umschau.

Deren hat man bereits eine größere Zahl ersonnen (Abb. 38); ich möchte nur zwei Formen nennen, die sich jederzeit mühelos ver=

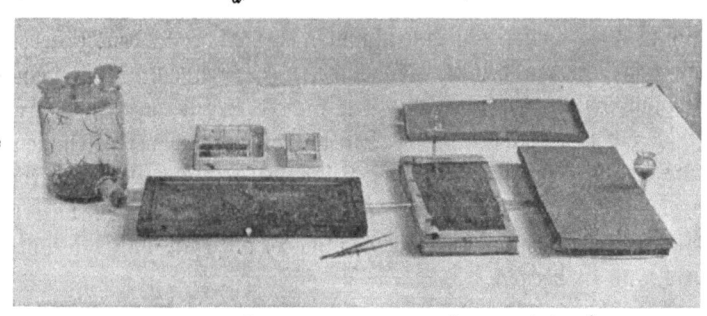

Abb. 38. Künstliche Ameisennester. a Lubbock-Nest, b Brunsches Torfnest, b_1 dasselbe bedeckt. c Futterpavillon, d Gipsnester nach Janet. a, b, b_1, c sind durch Glasröhren zu einem „Wasmann-System" verbunden. Aus Brun.

Im Wald und am Teiche zur Sommerszeit

fertigen lassen. Im ersteren Falle wählt man als Boden des künst=
lichen Nestes eine rechtkantige Glasplatte. Auf dieser wird aus
noch weichem Gipsbrei irgendwie am Rand entlang und in Quer=
wänden ein Wall geformt, so daß er zwei bis drei Kammern bildet,
welche durch Verbindungsgänge miteinander in Verbindung stehen.
Noch ehe der Brei erstarrt ist, legt man auf jene Wallführung
parallel zur anderen eine zweite gleichgroße Scheibe, welche die
Walloberfläche ebnet. Diese Scheibe wird nach dem Erhärten
des Gipses den Kammern entsprechend zerschnitten. Bei geringen
Größenverhältnissen kann man statt des Gipses auch die bekannte
knetbare Plastilinmasse verwerten. Ähnlich lassen sich auch die
sog. Luftsteine benutzen, die der Quere nach gesägt werden, einen
Boden aus Gips erhalten und durch eine Glasscheibe über der
geglätteten Schnittfläche geschlossen sind. Diese Deckscheibe ist
natürlich in allen Fällen durch ein Tuch gut abzudunkeln.

Sehr zweckdienlich erscheint ferner die folgende Anordnung:
Sie hat zwei ineinander stehende Glaszylinder, von denen der innere
kürzer und nur wenig enger ist als der äußere. Die Größe der=
selben und der Durchmesserunterschied richten sich nach Art und
Zahl der aufzunehmenden Ameisen. Der schmale Raum zwischen
beiden Gläsern wird fest mit Erde bis unter den Rand des Innen=
gefäßes angefüllt, in dem einige Hölzchen hinaufreichen, um den
Bewohnern das Aufsuchen dieses Raumes zu erleichtern. Das
äußere Glas wird mit über einen Drahtring genähter Gaze gedeckt
und über das Ganze zur Verdunkelung ein dritter Zylinder aus
schwarzem Papier gestellt. Das Futter wird in einem kleinen Zinn=
gefäß auf dem Boden des Innenglases gereicht.

Um ein künstliches Nest zu besiedeln, werden wir uns
nun aus dem Bau eine Anzahl Ameisen, Puppen und Larven
nehmen. Ein längerer Bestand der Kolonie, eine volle Ausprägung
ihrer Gewohnheiten aber ist nur zu erwarten, wenn auch eine be=
fruchtete Königin dabei ist. Diese kann man bequemer allerdings
im ersten Frühjahr eintragen, da sie sich später tiefer in die Nester

zurückziehen. Man bringt die Ameisen mit hinreichendem Nestmaterial in ein weithalsiges Gefäß mit durchbohrtem Korken oder in einen Sack; diesen muß man zuvor durch einige zerknickte Zweige sperrig halten, um die Gefangenen in ihm vor Druck zu schützen. Die Behälter werden dann für den Heimweg geschlossen.

Das Besetzen eines künstlichen Nestes mit diesem Material erfordert einige Aufmerksamkeit. Würden wir das Nestmaterial auch nur in Teilen nacheinander auszuschütten trachten, möchte uns trotz emsigsten Mühens die Mehrzahl der Tierchen davonrennen. Um dem vorzubeugen, könnte man in die zugebundene Öffnung des Sackes vorsichtig ein Stück Glasröhre einbinden und mit dem Nest in Verbindung bringen, das man vorher mit etwas angefeuchtetem Nestmaterial versehen und abgedunkelt hat. Ähnlich läßt sich auch mit dem durchbohrten Korken des Sammelglases oder der Durchbohrung einer Sammelkiste verfahren. Die Ameisen werden dann allmählich in das künstliche Nest übersiedeln, um so rascher, je stärker wir sie in dem Sammelbehälter beunruhigen oder etwa belichten.

Haben sich die Tierchen in dem neuen Heim erst beruhigt, gehen sie bald in gewohnter Weise ihren Beschäftigungen nach. Man gibt ihnen die Nahrung in eine dafür bestimmte Nestabteilung, der Sauberkeit wegen auf kleinen Gefäßen, etwa auf kleinsten flachen Tuschnäpfchen. Als Nahrung dienen, je nach der Art, zerstückelte Insekten (auch -Larven und -Puppen), kleine Fleischstückchen, ferner Sirup, Honig, gelöster Zucker, Stückchen von Obst, usf. Bei Hunger, den sie selbst bis zu sieben Wochen ertragen sollen, fressen sie wohl ihre eigene Brut.

Die Versorgung mit Wasser geschieht bei Gipsnestern gut durch angefeuchtete Schwammstücke, sonst gleichfalls in einem Gefäßchen. Trockenheit wird im allgemeinen besser und länger ertragen als ein Übermaß an Feuchtigkeit, die zur Schimmelbildung führt. Eine derart betroffene Kolonie müßte sofort in ein anderes Nest übertragen und jenes sehr gründlich gereinigt werden. Im

Im Wald und am Teiche zur Sommerszeit

warmen Zimmer pulsiert das Leben einer solchen Kolonie während der ersten Wintermonate zwar weniger frisch; wenn die Königin aber Ende Januar oder im Februar erneut mit der Eiablage beginnt, zeigt sich alsbald die ganze sommerliche Geschäftigkeit wieder. Direkte Besonnung ist auch hier nicht ratsam.

Einem besonderen Interesse sind stets die Beziehungen der Ameisen zu ihren Gästen begegnet; d. h. zu jenen Tieren, deren Leben mehr oder minder eng mit jenem der Ameisen verbunden ist; ihre Zahl zählt nach Tausenden von Arten. Für sie ist ebenfalls der erste Frühling die beste Sammelzeit; die Wirtsameisen erweisen sich dann weniger angriffslustig als später. Es werden besonders die tiefer gelegenen Teile des Nestes mittels des Siebes durchgeseiht. Auch von der Unterseite flacher Steine, die man für die Nacht auf das Nest legt, kann man in der Morgenfrühe Ameisengäste („Myrmekophilen") ablesen.

In der Art der Beziehungen zwischen Wirten und Gästen herrscht eine fesselnde Mannigfaltigkeit. Die einen liefern den Ameisen gewisse Ausscheidungsstoffe, welche sie gerne schlecken. Aus diesem Grunde verfolgen sie überall die Blattläuse (Aphiden) mit ihren Werbungen, streichen mit ihren Antennen („Fühlern") den Hinterleib derselben, bis die Laus einen gelblichen Exkrementtropfen abscheidet, den die Ameise gierig aufnimmt. Diese Darmexkrete sind als glänzender klebriger Überzug auf dem Laube allgemein bekannt. Die Ameisen wehren nicht nur Feinde der Blattläuse ab, sondern nehmen sie auch förmlich gleich Haustieren in ihre Obhut; so züchten sie in einzelnen Arten regelmäßig gewisse Wurzelläuse.

In anderen Fällen erfolgt die Absonderung der die Ameisen lockenden Stoffe (Exsudate) aus besonderen Drüsen, die durch Poren an die Körperoberfläche führen und oft durch auffallende Behaarung oder Haarbüschel gekennzeichnet sind. Die Vorliebe der Ameisen für diese Exsudate führt zu einer wirklichen Pflege von „Gästen" (Abb. 39), so daß z. B. die Lomechusa-Imago gar nicht mehr im-

Abb. 39. Ein „Büschelkäfer" Lomechusa strumosa Grav. (links) von einer Ameise (Formica sanguinea Latr.) gefüttert. Vergr. Nach Brehm.

stande ist, sich selbst zu ernähren. Sie schützen diese echten Gäste (Symphilen) nicht nur, sondern sie füttern und züchten im höchstentwickelten Gastverhältnis deren Brut wie jene der Lomechusa, deren Larven aber auch oft genug räuberisch verheerend unter den Ameisen=Eiern und =Larven aufräumen.

Die meisten Mitbewohner der Ameisenkolonien bilden aber die beziehungslos geduldeten Gäste (Synoeken), denen gegenüber sich die Wirte gleichgültig verhalten. Wir erklären diese Duldung mit der Annahme, daß sie von den Ameisen entweder z. B. ihrer geringen Größe wegen nicht bemerkt, sonst wegen ihrer glatten Körperbeschaffenheit (Abb. 40) oder Geschwindigkeit von jenen nicht gefaßt werden können. Auch durch Ähnlichkeit in der Gestalt und Färbung (Mimikry) mit den Ameisen kann den Synoeken möglicherweise ein Schutz gewährt werden (Abb. 41). Als Nahrung nehmen diese Gäste Abfälle im Neste, tote Ameisen, auch wohl Milben. Manche lecken die Ausscheidungsstoffe des Ameisenkörpers (Abb. 42), einige leben vom Futtersafte, den sie in dem Augenblicke rauben, in welchem er einer Ameise durch eine andere von Mund zu Mund gereicht wird. In selteneren Fällen fressen Angehörige dieser Gruppe von der Brut ihrer Wirte.

Im Wald und am Teiche zur Sommerszeit

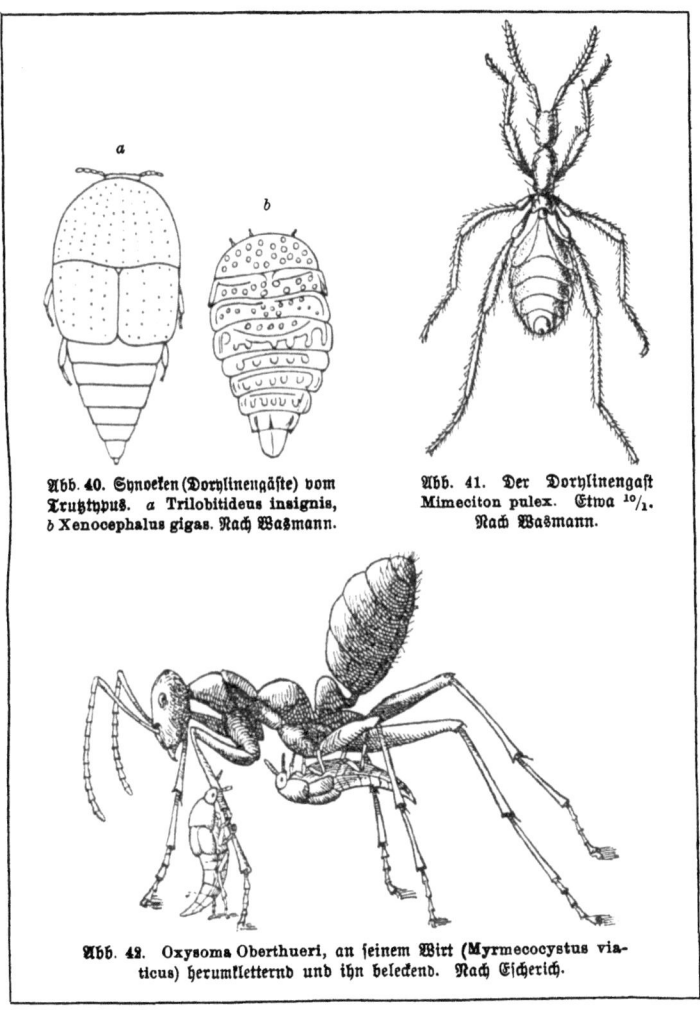

Abb. 40. Synoeken (Dorylinengäste) vom Trutztypus. *a* Trilobitideus insignis, *b* Xenocephalus gigas. Nach Waßmann.

Abb. 41. Der Dorylinengast Mimeciton pulex. Etwa $^{10}/_{1}$. Nach Waßmann.

Abb. 42. Oxysoma Oberthueri, an seinem Wirt (Myrmecocystus viaticus) herumkletternd und ihn beleckend. Nach Escherich.

Ihr steht jene gegenüber, die von den Ameisen feindlich verfolgt wird, besonders Angehörige der Familie der Kurzflügler (Staphylinidae). Die Gäste dieses Typus nähren sich von den Ameisen wie deren Larven und Puppen. Sie suchen sich den Nachstellungen ihrer Wirte dadurch zu entziehen, daß sie sich in geeignete Verstecke im Nest zurückziehen oder neben demselben aufhalten, auch ihr räuberisches Tun vorzüglich nachts oder bei kühlem Wetter ausüben, wenn die Ameisen weniger lebhaft sind.

Es sind ziemlich alle Insektenordnungen unter den Ameisengästen vertreten; besonders die Käfer, deren manche, namentlich unter den Symphilen, durch ihre Ameisenähnlichkeit in Gestalt, Größe, Färbung und Glanz auffallen. Selbst die Schmetterlinge stellen Beiträge zu den Myrmekophilen: Einige als gleichgültig geduldete Arten, die ihre ganze Entwicklung in Ameisennestern durchlaufen; so manche Kleinschmetterlinge und selbst eine Noctuide: Orrhodia rubiginea. Andere, welche den Ameisen als Nahrung dienende Absonderungen liefern; so gewisse Bläulings- (Lycaena-) Raupen. Z. B. wird Lyc. argus L. auf ihrer Futterpflanze (Oxytropus pilosa Dec.) von zahlreichen Ameisen aufgesucht, die sich am Ende des Hinterleibes häufen, ohne daß sich die Raupe ihrer zu erwehren suchte. Diese besitzt im drittletzten Segment eine Drüse, deren Sekret sich durch einen queren Spalt in der Rückenmitte entleert; ihn kann die Raupe geschlossen halten und öffnen. Nach dieser Absonderung scheinen die Ameisen äußerst gierig. Sie schützen die Raupen und tragen sie sogar erwachsen kurz vor der Verpuppung in ihr Nest; hier schlüpft auch der Falter.

Wenn wir die Wunder des Staatenlebens im Ameisenhaufen, die verschiedenartigen Beziehungen zu ihren Gästen schauen, so regt sich uns die Frage, wie sich derartige Lebensgewohnheiten zu bilden vermochten. Man hat vergebens versucht, rein mechanische Beziehungen (Tropismen) als ausschließliche Richtlinie des Verhaltens der Ameisen anzusprechen. Es ist ebenso falsch gewesen, ihr Leben mit menschlichen Zügen auszustatten. Ein großer Teil der Gewohnheiten bewegt sich in ererbten Bahnen (Instinkte); er kennzeichnet sich durch die völlige Übereinstimmung im Verhalten aller Individuen. Ein anderer aber stellt sich uns als das Ergebnis von Erfahrungen dar, welche das Einzeltier in seinem Leben gewonnen hatte; die Ameise hat ein Gedächtnis, vermag zu „lernen".

Zwei ziemlich beliebig aus der reichhaltigen neuesten Literatur herausgegriffene Beispiele mögen die **psychischen Fähigkeiten der Ameisen** veranschaulichen. Das erstere ein sog. Ablenkungs= experiment: In eine Zugstraße A B wird ein Hindernis C D gestellt, welches die Tierchen nach rechts ablenkt. Wenn nun die Ameise den äußersten Punkt D erreicht hat, läuft sie nicht etwa auf der anderen Seite von D C nächsten Weges an die Straße zurück, sondern eilt in einer Diagonale unter etwa 75° den Weg abkürzend auf die Zugstraße hin. Anscheinend hat sie die gewohnte Straße und die erfahrene Ablenkung im Gedächtnis.

Die andere Versuchsanordnung zeigt dagegen wieder, daß sich die Ameise auch über die einzuhaltende Wegerichtung täuschen läßt. Eine Zugstraße führte schräg über eine breite Landstraße von einem großen Samenhaufen A bis zum Trottoir, dann von B an diesem entlang zu dem unter den Steinen angelegten Neste C. Die Ameisen schleppten von den Samenkörnern zum Nest. Faßt man ein solches Korn und setzt es mit der Ameise außerhalb der Zug= straße wieder nieder, so stellt sie sich zunächst parallel zu dieser ein und läuft ihr parallel weiter. So erreicht sie das Trottoir und läuft nun an ihm gewohntermaßen entlang, einerlei aber, ob sie sich diesseits oder jenseits vom Neste befindet. Ihr Nest wird sie so nur in einem der beiden Fälle auf ihrem Wege antreffen. Hier= nach könnte es scheinen, daß sich dem Gedächtnis für Gesichts=, besonders auch Geruchs= und Berührungseindrücke ein solches für **vollführte Bewegungen** zugeselle. Jedenfalls deuten weitere Beobachtungen darauf hin, daß sich wenigstens die mit den besten Augen versehenen Arten der Gattung Formica auf ihren Wegen nicht nur durch Lichteindrücke im allgemeinen, sondern durch wenn auch verschwommen wahrgenommene Gesichtsbilder großer entfern= ter Objekte richten (Abb. 43).

Doch, noch einmal soll uns der Sommer hinausführen über sonnenfrohe Gefilde, den feiertagsstillen Wald hindurch zum Teiche, der sich aus dem Schatten der Bäume in die grünende Wiese erstreckt. Stattliche Erlen, dichte Weidenbüsche umstehen ihn dort; hoher Schilfbestand nimmt uns den Ausblick auf das Wasser, nun wir vor ihm stehen. Doch wir finden einen vielleicht vom Wilde ausgetretenen Durchbruch und stehen auf festem Boden nächst der Wasserfläche. Der Waldesschatten erreicht uns nicht mehr. Heiß flimmert die Luft über dem silbern glänzenden Spiegel, über ihm durch ihre Feuchtigkeit den Atem fast bedrückend; der Atmosphäre gleichend, welche den tropischen Urwald erfüllt.

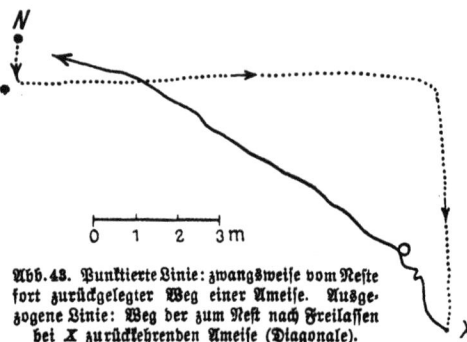

Abb. 43. Punktierte Linie: zwangsweise vom Neste fort zurückgelegter Weg einer Ameise. Ausgezogene Linie: Weg der zum Nest nach Freilassen bei X zurückkehrenden Ameise (Diagonale).

In verschwenderischer Fülle gedeiht hier eine eigenartige Pflanzenwelt, die wir nur im ganzen als ein berückendes Bild dichtesten, mannigfach geformten und gebauten Blattgrüns aufzunehmen vermögen, das sich weit hinein über das Wasser dehnt, das es schon vom klaren Grunde aus erfüllt; Blüten groß und klein, strahlend weiß und buntfarben, wo immer die Vegetation das Wasser verläßt.

Wir haben uns mit dem Wassernetz und Gläsern versehen, um Kerbtiere des Wassers heimzutragen und sie mit einem geeigneten Pflanzenbestand zusammen einem größeren Aquarium anzuvertrauen, das der täglichen Beobachtung eine der reichsten, wundervollsten Lebensgemeinschaften darbieten soll. Aufs Geratewohl fahren wir von unserem Uferplatze aus mit dem Netze über das Pflanzengewirr des Teichbodens hin und kreuz wie quer in ihm umher. Wenn wir dann die Ränder des Netzes über das Wasser erheben, so daß der flache Beutel zu einem hinreichend kleinen Teile im Wasser schwebt, können wir die sich bewegenden Tiere leicht behutsam zwischen den Fingern herausfangen. Doch müssen wir beim Abspülen der abgerissenen Pflanzen im Netze vor deren Fortwerfen achten, ob nicht noch Leben, insbesondere Eier ihnen anhaften. Nachdem wir uns überzeugt haben, daß der Boden an jener Stelle weiterhin flach, vor allem fest ist, suchen wir auch wohl watend das Sammelgebiet zu erweitern. Und da, wo es auch so unerreichbar sein sollte, könnten wir das Netz an einer längeren Stange befestigen, es auch wohl, beschwert und von 3—4 Haken aus am Hauptseil befestigt, nach Art eines Schleppnetzes auswerfen und heranziehen. Im allgemeinen nimmt allerdings das Kerbtierleben mit zunehmender Tiefe und der gleichzeitig schwindenden Vegetation schnell ab. Sofern es nicht direkt vom Pflanzenwuchs lebt, doch indirekt, indem es räuberisch pflanzenfressende (phytophage) Tiere frißt.

Ein Süßwasseraquarium, das ein Stück Teichleben zeigen würde, ist einfach einzurichten. Eine Schicht Bodenerde zum Einsetzen der Pflanzen, oder einige von den billigen tönernen Einsetzschalen oder -Töpfchen für sie — manche Unterwasserpflanzen begnügen sich mit reinem weißen Sande —; das Wasser in Kanne oder Eimer vom Teiche her, um ihm die für die Ernährung der größeren unentbehrlichen Kleinlebewesen zu bewahren; dann die Tierwelt, die wir nicht auf die Insekten beschränken wollen; schließlich der uns schon geläufige Deckel in Gestalt eines passenden mit Gaze bespannten Drahtbügels, dessentwegen wir die Sumpfvegetation nicht zu hoch wählen durften: und wir sind fertig. War das Verhältnis der Pflanzen zu den Tieren und die Wahl dieser selbst zweckmäßig, bedarf es auf lange hinaus keiner Wassererneuerung. Der Standort des Aquariums soll wohl hell, aber nicht zu sonnig sein. Schon an seiner Oberfläche stößt uns ein winziges wunderliches Tier auf, das die Abb. 44 wiedergibt: ein Paar des „Wasserspringbocks", einer der ursprünglichsten Insektenformen, dargestellt, wie das ♂

168 Im Wald und am Teiche zur Sommerszeit

Abb. 44. Sminthurides penicillifer Schäffer (a ♂, b ♀). Stark vergr. Nach Börner.

im Liebesspiele seine mit Klammerhaken ausgestatteten Fühler um das ♀ zu schlingen sucht.

Und was gibt es in diesem Teich im kleinen alles zu schauen! Alle Insektenordnungen, selbst die Aberflügler (Hymenoptera) beteiligen sich an der Fauna des Süßwassers; allerdings nur mit ihrer Unterordnung der Schlupfwespen (Ichneumonoidea), diese aber in 5 verschiedenen Familien. Da ist z. B. Agriotypes armatus Walk., eine Art von 5—8 mm Körperlänge, welche sich im Juni/Juli an fließendem Wasser des Gebirges wie der Ebene aufhält. Das mit normalen Flügeln versehene Weibchen begibt sich unter Wasser, um die Eier mittels einer kurzen Legeröhre einzeln in die Larven einer Anzahl von Köcherfliegenarten (Trichoptera) zu legen. Vor ihrer Verpuppung spinnt die armatus-Larve ein fadenförmiges, bis 3 cm langes und 1 mm breites Band (Abb. 45), das wahrscheinlich der Atmung dient. An ihm läßt sich der Schmarotzer in jenem Entwicklungsstadium nachweisen.

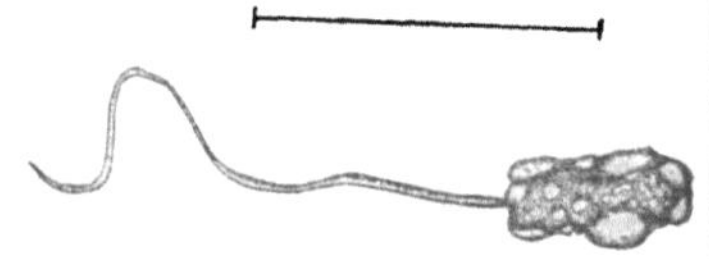

Die Larve des Ichneumonide Hemiteles biannulatus Grav., deren ♀ während des Sommers in flachen Tümpeln vorkommende Köcherfliegerlar-

Abb. 45. Köcherfliegen-Gehäuse mit dem „Band" des Agriot. armatus Walk.-Parasiten. Nach Heymons.

Im Wald und am Teiche zur Sommerszeit

ven mit ihren Eiern belegt, lebt dagegen als Außenschmarotzer. Die Chalcidier sind durch die Gattungen Smicra und Prestwichia vertreten. Prestw. aquatica Lubbock von nur 0,8 bis 1 mm Körperlänge vermag sich tagelang kriechend oder schwimmend unter Wasser aufzuhalten und bevorzugt stehende pflanzenreiche Gewässer. Das ♀ sticht die Eier von Wasserwanzen und wahrscheinlich auch von Wasserkäfern an. Die Art wurde zuerst von England berichtet, ist in Deutschland bis jetzt nur bei Berlin gefunden. Die Flügel der ♂♂ sind verkümmert. Auch die winzigen Arten der Mymarinen-Gattungen Anagrus und Anaphes nehmen ihre Entwicklung als Fischschmarotzer (von Calopteryx virgo L.). Die der ersteren Gattung angehörende Art subfuscus Forst., bei Aachen und Berlin beobachtet, vermag mit Hilfe der Beine im Wasser zu schwimmen; Anaphes cinctus Halid. soll sich hierbei der Flügel bedienen. Schließlich zählen noch eine Anzahl Braconiden zu den Wasserhymenopteren. Für manche sich regelmäßig an Gewässern aufhaltende Arten ist es bisher nur wahrscheinlich geworden; ihre Verwandten sind z. T. als Schmarotzer bei kleinen Zweiflüglern (Dipteren) bekannt.

Eine eigene Zunft innerhalb des Reiches der Wasserbewohner bilden noch die Stechmücken (Schnaken), deren Deutschland 15 Arten besitzt, Angehörige der Gattungen Culex und Anopheles. Die An. maculipennis Mg. darf besondere Beachtung erwarten, da sie durch ihren Stich das in manchen Gegenden Deutschlands immer noch heimische Sumpffieber verbreitet, eine mildere Form der tropischen Malaria; sie lebt namentlich in sumpfigen Gebieten, so in der Rheinniederung und den Küstengebieten der Nord- und Ostsee, und wird dort vorzugsweise in Viehställen, aber auch in den Häusern angetroffen.

Aber auch die übrigen Anopheles- und die Culex-Arten werden nicht selten durch ihre ungezählten Schaaren blutdürstiger Aufdringlinge zur Plage. D. h. nur die ♀♀ saugen mittels eines wohl ausgebildeten Saugapparates das Blut von Warmblütern;

die ♂♂ im allgemeinen nicht, ihre Mundteile sind oft verkümmert. Die Folge der Stiche sind jene bekannten Quaddeln oder Beulen, welche tagelang lästig jucken können. Ober= und Innenlippe (Hypopharynx) formen ein Saugrohr, in dem die umgebildeten Ober- und Unterkiefer als 4 Stechborsten liegen. Das etwas verbreiterte Ende derselben ist mit kleinen Zähnchen versehen, die gleich einer Säge wirken. Die Innenlippe birgt in ihrer ganzen Länge einen feinen Kanal, welcher das Sekret der Speicheldrüsen leitet.

Aus diesem Kanal ergießt sich beim Stechen eine Flüssigkeit in die Wunde, die wahrscheinlich das Gerinnen des Blutes verhindern soll. Die Beulen an der Stichstelle erscheinen als Folge der Stoffwechselprodukte von Hefepilzen. Diese finden sich regelmäßig in Blindsäcken der Speiseröhre und zwischen den Mundteilen der Mücke und kommen gelegentlich des Stiches in die Wunde. Als besonders wirksames Gegenmittel empfiehlt sich das Betupfen mit Salmiakgeist möglichst auf den frischen Stich.

Die beiden Gattungen Culex und Anopheles zeigen gleichermaßen morphologische und biologische Sondermerkmale. Während z. B. die Taster des Anopheles-♀ die Länge ihres Stechapparates oft übertreffen, sind sie bei dem Culex-♀ kurz und stummelförmig. Bei der ersteren Gattung liegt der Stechapparat ("Rüssel") mit der Körperachse in einer Geraden, die bei dem ruhenden Tier gegen die Unterlage einen spitzen Winkel bildet. Bei Culex dagegen bezeichnen die Richtung von Hinterleib und Thorax=Stechapparat einen stumpfen Winkel; der Hinterleib wird mehr parallel zur Unterlage getragen (Abb. 46).

Mit Eintritt der kühleren Witterung, im Spätherbste, ziehen sich die Mücken in geschützte Verstecke im Freien, gern auch in die Häuser, besonders die Kellerräume zurück. Es überwintern nur ♀♀. Die Frühjahrswärme ruft sie an das Laichgeschäft. Die Wald=Culiciden obliegen ihm schon Ende März, die gemeine Singschnake (Culex pipiens L.) als letzte erst im Mai. Sie suchen dann stehende oder langsam fließende Gewässer auf

Im Wald und am Teiche zur Sommerszeit 171

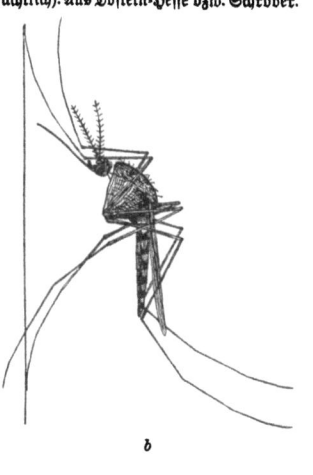

Abb. 46. *a* Anopheles maculipennis Meig, *b* Culex nemorosus Meig, beide in Ruhestellung (besonders die unterschiedliche Haltung des Hinterleibes beachtlich). Aus Doflein-Hesse bzw. Schröder.

a *b*

und nehmen im Notfalle selbst mit dem Regenwasser in einer Konservenbüchse, der Wasserpfütze, in einer Regenspur usw. vorlieb.

Bei der Eiablage sitzen die Culex-♀♀ entweder auf einem Gegenstande der Oberfläche oder frei auf dem Wasser. Ihre kegelförmigen Eier finden sich meist einzeln in senkrechter Lage schwimmend; sie besitzen am unteren stumpfen Ende einen kleinen Anhang, den sog. Schwimmbecher. Statt dessen haben die Anopheles-Eier zwei seitliche Luftsäcke. Nur C. pipiens L. und annulatus Schr. verkleben die Eier mit ihren gekreuzten Hinterbeinen zu nach unten gewölbten kahnförmigen Gelegen, welche sich längere Zeit auf dem Wasser halten, während das Einzelei bald untersinkt.

Auch die Larven tragen kennzeichnende Unterschiede; jene der Culex-Arten pflegen mit ihrem Hinterleibsende gleichsam an der Wasserfläche zu hängen. Sie führen dabei von der Rückenseite

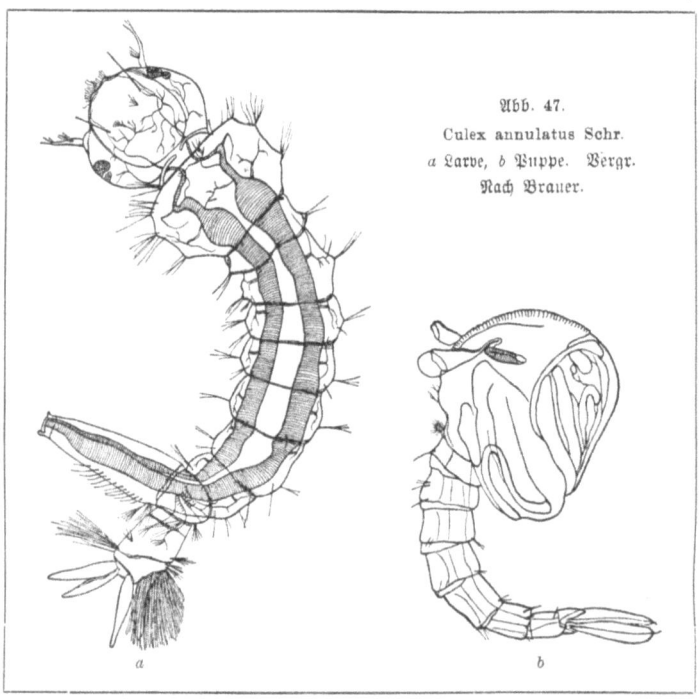

Abb. 47.
Culex annulatus Schr.
a Larve, b Puppe. Vergr.
Nach Brauer.

des 8. Hinterleibgliedes das Atemrohr einem Schornstein gleich unter die Wasseroberfläche, um den Tracheen die erforderliche Luft zuzuführen (Abb. 47). Zugleich strudeln 2 büschelförmige Organe am Kopfende in ununterbrochener wirbelnder Bewegung dem Munde fortgesetzt Wasser und zugleich Planktonorganismen als Nahrung zu. Nur wo diese nicht ausreicht, holen sich die Larven ihre Nahrung vom Grunde. Die Anopheles-Larven entbehren des Atemrohres; sie schweben wagerecht unter der Wasseroberfläche. Schon bei geringer Erschütterung des Wassers flüchten alle in die Tiefe.

Die Gestalt der Puppe zeigt nur schwer bestimmbare Unterschiede. Diese atmet nunmehr durch 2 ohrenförmige Röhren am vor-

Im Wald und am Teiche zur Sommerszeit

deren Körperabschnitt und hängt deshalb auch mit dem Thoraxrücken an der Wasseroberfläche. Nach 3—4 Tagen färbt eine zwischen der Puppenhaut und dem Körper abgesonderte Luftschicht die zuvor dunkle Puppe silberweiß. Die Puppenhaut streckt sich infolge der Spannung wagerecht an die Wasserfläche, klafft am Thoraxrücken, und die durch eingeschluckte Luft stark aufgetriebene, schwebefähige Mücke erhebt sich aus jenem Spalt, ohne irgend eine Bewegung. 3—4 Tage Dauer des Eizustandes, 10—12 Tage Larvenleben, im ganzen 16—20 Tage für die gesamte Entwicklung.

Wo Myriaden von Mücken blutgierig über den Menschen herfallen, bleibt ihm nur übrig, bedingungslos das Feld zu räumen. Er kann aber verhindern, daß die Plage eine derart elementare werde. Durch Vernichten der in den Häusern überwinternden ♀♀, wenn massenhaft, Abbrennen durch einen mit Spiritus getränkten, brennenden Lappen, oder durch Bekämpfung der Larven und Puppen, am einfachsten und erfolgreichsten, indem ihre Brutstätten mit Petroleum (etwa 32 ccm auf 1 qm Wasseroberfläche) übergossen werden, das sich in zusammenhängender Schicht über die Fläche breitet und dadurch, daß es deren Atemlöcher verstopft, die Mückenlarven und -Puppen erstickt. Fische und Amphibien, diese als Larven und. erwachsen, sind ihre natürlichen Feinde, wie für die Mücken selbst Vögel und Fledermäuse.

Andere Mücken müssen wir schon aufsuchen, um sie und ihre Lebensweise beobachten zu können. Da gibt es Pferdemücken (Schnaken, Tipulidae), welche uns durch ihre Größe von 2 bis 3 cm auffallen; Zuckmücken (Chironomidae), von denen nur einzelne Arten als ♀ ektoparasitisch leben, deren Larven durchweg im Bodenschlamm von Gewässern, in Blättern von Wasserpflanzen minierend, frei schwimmend, überhaupt in größter Mannigfaltigkeit der Lebensweise oft in ungeheuren Mengen vorkommen und eine Beute zahlloser Wassertiere werden; Schmetterlingsmücken (Psychodidae), kleine, plump gebaute Formen, deren Flügel eine dichte, mitunter beinahe wollige Behaarung tragen; Gallmücken (Ceci-

174 Im Wald und am Teiche zur Sommerszeit

domyidae), die meist durch ihre Eiablage in Pflanzenteile zur Entstehung von Wucherungen und Gallen allerverschiedenster Ausbildung führen; Pilzmücken (Mycetophilidae), unter diesen die Heerwurmtrauermücke mit den ungeheuren Larven-Wanderzügen; Haarmücken (Bibionidae), von denen Bibio marci L. in den Frühlingsmonaten massenweise bei uns in den Gärten, Parkanlagen und Laubwäldern erscheint; Kribbelmücken (Gnitzen, Simuliidae), zu denen die berüchtigte Kolumbatscher Mücke gehört, deren von Zeit zu Zeit in den Donauländern auftretende Schwärme das Vieh tötlich gefährden.

Unter den noch fehlenden Familien ist jene der Netzmücken (Blepharoceridae) besonders interessant. Die Imagines (Abb. 48) sind es durch die eigenartige Anlage der Sehorgane. Es finden sich drei große Punktaugen auf dem Scheitel, und die Fazettaugen zeigen eine deutliche Trennung in zwei Teile, deren oberer aus sehr großen, deren unterer aus sehr kleinen Fazetten besteht. Diesen wird ein scharfes Sehen bei Tage, jenen die Möglichkeit eines Zurechtfindens im tiefsten Waldschatten und selbst bei Nacht zu-

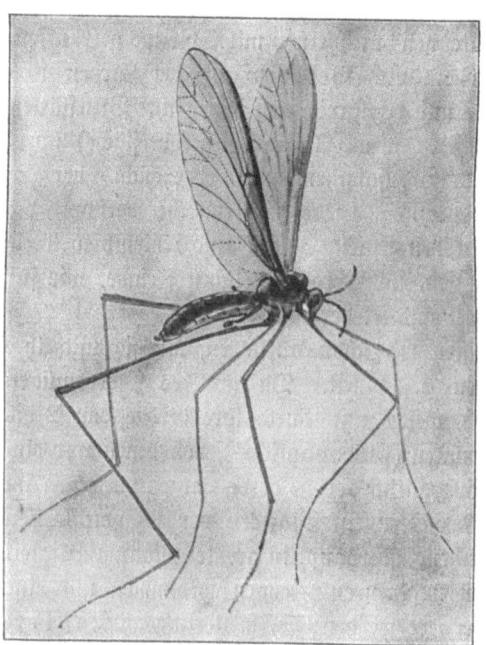

Abb. 48. Liponeura cinerascens Ler. Vergr. Nach Heymons.

Abb. 49. Liponeura cinerascens. *a* Larve von oben, *b* Larve von unten, *c* Puppe. Vergr. Nach Hetschko.

geschrieben. Die höchst sonderbaren, stark abgeplatteten Larven sitzen bisweilen in großen Mengen in kalten (cinerascens 5—9°), rasch dahinfließenden Gebirgsbächen festgesogen an Steinen und bedienen sich hierfür eigenartiger seitlicher paariger Fortsätze, die an der Unterseite je eine Saugscheibe tragen. (Abb. 49.)

Im Herbst auf Heide und Moor.

Wie schnell der Sommer vergangen ist, wie unmerklich die Monde bei rastlosem Tun enteilen. Schon dunkelt es merklich früher und die Natur rüstet zum Abschiede, indem sie, wie um das Scheiden noch schwerer zu machen, die Kinder der Flora ein letztes Mal in eine entzückende Farbenpracht kleidet. Es ist der erste Frühherbst. Noch trägt die einsame Heide ihr Schmuckgewand, das auch der Hauch des nahenden Todes nur erst leicht geblaßt hat. Eine Schönheit, die auch dem naturfremden Städter die große Zahl ihrer tiefempfundenen Bildwerke nahe gebracht hat.

Versunken in die Harmonie dieser Farben, die wir still, ohne sie mit dem Verstande zu zerpflücken, vom Waldrande aus in uns aufnehmen, stolpern wir weiterschreitend über einen Stein. Und da wir ihm so genötigt unsere Aufmerksamkeit schenken, sehen wir unter seinem schützenden Dunkel einen großen schwarzen Laufkäfer Carabus violaceus L., vielleicht ein spät entwickelter Nachzügler; doch überwintern auch die erwachsenen Käfer, jedenfalls in der Gefangenschaft, bisweilen selbst mehrmals. Der Seitenrand des Halsschildes und der Flügeldecken des Tieres sind veilchenblau.

Könnten wir eine größere Zahl von Individuen vergleichen, würden wir auch glänzend purpurfarben, blau oder grün gerandete finden. Die Flügeldecken sind fast glatt, sehr fein und dicht gleichmäßig gekörnelt. Man nimmt wohl an, daß die Stammform der Art in den Alpen wohnte, von wo sie damals durch die Vereisung auf drei eisfreie Gebiete, das pyrenäische, das mittelländische und das des Balkan verdrängt wurde. Nach Rückgang des Eises bei wieder zunehmender Temperatur würden dann die ein kühleres Klima gewohnten Tiere wieder zur alten Heimat vorgedrungen sein. So flossen drei Ströme von Formen, die inzwischen eine kräftigere Skulptur namentlich der Flügeldecken erhalten hatten, nordwärts, bis sich ihre Ausläufer schließlich wieder in Nord- und Mitteldeutschland vereinigten. Auf diesem Wege sind ihnen die tiefen, regelmäßig punktierten Streifen, die eingestochenen Punkte der Zwischenräume immer mehr verloren gegangen.

So entstanden Rassen, deren die peinliche Kunst des Spezialisten einige Dutzend zu unterscheiden weiß. Leider auch zu benennen; leider, denn das Studium der Variabilität einer Art ist nicht dafür da, sich im Namengeben zu üben.

Es ist eine hübsche Unterhaltung, diese und verwandte Carabus in der Gefangenschaft zu pflegen, die sie auch während des Winters im warmen Zimmer ziemlich lebhaft verbringen. D. h. es sind Tiere, die erst am Abend auf Beute ausgehen. Diese besteht in allen möglichen kleineren Tieren bis hinauf zu den Schnecken; rohes Fleisch nehmen sie gern. Noch etwas Wasser in einer flachen Schale, ein Versteck vor der Sonnenhelle, und sie bleiben auf Monate Hausgenossen.

Der Käfer und seine Larven wie überhaupt die gesamten „Laufkäfer" (Carabiciden) sind nützliche Raubinsekten. Allerdings, wir können manch einen Laufkäfer, besonders Harpalus- und Zabrus-Arten, gelegentlich auch z. B. an einer rotwangigen saftigen Erdbeere naschen sehen; auch ein Marienkäferchen im ersten Frühjahr, wenn die Blattläuse noch fehlen, an zarten Trieben, so Coccinella 7-punctata L. an Tannen. Derartige Erfahrungen warnen vor der Verallgemeinerung einmaliger Beobachtungen auch im Freien. Und wir werden selbstverständlich noch behutsamer sein müssen, an Tieren in der Gefangenschaft gewonnene Beobachtungen als gewohnheitsmäßige anzusprechen.

Auf eine den Carabiciden nächst verwandte Familie, Nützlinge wie sie, möchte ich noch besonders hinweisen: die „Sandläufer" (Cicindelen). Auch sie sind behende räuberische Tiere, die aber gerade im brennenden Sonnenschein über sandigen Strecken ihr Wesen treiben und bei Annäherung sturzweise auf kurze Strecke abfliegen. Ihre Larven graben im Boden 10—15 cm lange, steile Röhrengänge, in welchen sie sich mit den beiden Haken des fünften Hinterleibsringes festhalten. Den Eingang verschließen sie mit dem Kopf und Halsschilde, um auf kleine vorüberlaufende Insekten zu fahnden, die sie hineinziehen und aussaugen. Die Überreste wie die Exkremente werden aus dem Gange entfernt.

Als nützlich müssen wir auch jene Käferfamilien betrachten, die wie die „Kurzflügler" (Staphyliniden) und „Aaskäfer" (Silphiden) sowohl als Larven wie erwachsen durchweg von faulenden tierischen und pflanzlichen Stoffen leben. Sie säubern Fluß und Hain von Aas- und Modermassen und machen sich hierdurch um die Gesundheit der Natur verdient.

Ohne uns noch so spät in einen Überblick über die Nützlinge unter den Kerfen vertiefen zu können, wollen wir in dieser Beziehung doch wenigstens einer Ordnung gedenken, deren Angehörige uns hie und da sicher bereits begegnet waren: der „Netzflügler" (Neuropteren). Ihre Larven besitzen eigentümliche, aus den beiden ersten Kieferpaaren gebildete Fangzangen und nähren sich von anderen Insekten. Sofern dies für die menschlichen Kulturwerte schädliche oder doch gleichgültige Tiere sind, würden jene Larven und mit ihnen die Arten zu den nützlichen Kerfen zählen. Unter ihnen sehen wir den „Ameisenlöwen" (Myrmeleon), dessen Larven im Sande namentlich lichter Nadelholzwälder trichterförmige Fanggruben anlegen und sich an deren Grunde, nur die Zangen vorgestreckt, bergen, um hineinfallende Insekten, besonders Ameisen, zu packen und auszusaugen. Nun erklärt zwar der Gärtner die Ameisen für seine Feinde, weil sie die feinen Wurzelfasern im durchwühlten Boden bloßlegen, auch gern am Obst naschen. Und die Hausfrau, welche die eilfertigen Tierchen in geschlossenen Zügen an dem Leckeren der Speisekammer entdeckt, wird nicht zögern, sie als gemeines Ungeziefer mit allen Mitteln zu vernichten. Aber für den Forstmann empfiehlt sich zweifelsohne der Schutz der Ameisen. Und was wären dann die „Ameisenlöwen"?

Unzweifelhaften Nutzen aber bringen andere Ordnungsgenossen. Da sind die Florfliegen, zartflügelige Insekten, namentlich die mehr als 1 Dtz. deutsche Arten zählenden Chrysopa-Arten mit ihren feinmaschigen grünlichschimmernden „Flor"flügeln (etwa 2 cm Flügelspannung), goldglänzenden Augen und lang fadenförmigen Antennen (Abb. 50). Sie suchen für den Winter nicht selten unsere Wohnräume auf, als gänzlich harmlose, allerliebste Gäste. Die Larven sind im Gegensatz zu den plumprundlichen der Ameisenlöwen gestreckte hurtige Tierchen, ihnen sonst aber ähnlich. Sie

Im Herbst auf Heide und Moor 179

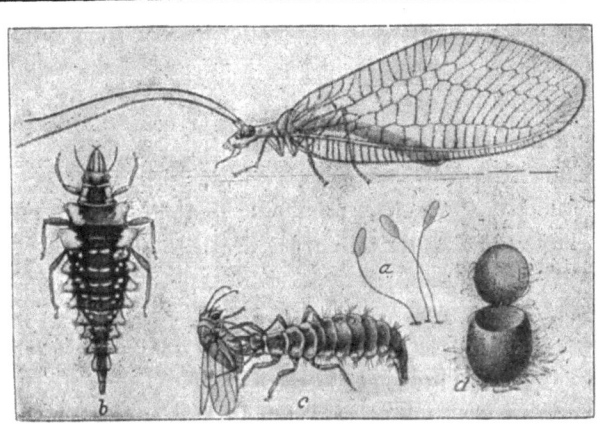

Abb. 50. Die Florfliege (Chrysopa) und ihre Entwickelungsstadien. *a* Eier, *b* Larve, *c* Larve, eine Blattlaus saugend, *d* Kokon. Vergr.
Nach Marlatt-Howard.

saugen, gleich den bereits genannten Coccinellen und deren Larven, Blattläuse aus; die Larven führen daher auch die Benennung „Blattlauslöwen". Ihre Eier sind dadurch leicht kenntlich, daß sie mittels eines feinen langen Stielchens gruppenweise der Blattfläche angeklebt werden und wie Schimmelpilze erscheinen. Die in einem erbsengroßen Cocon reifende Puppe ist an Pflanzenteilen versponnen.

Die Larven der nächst verwandten Gattung Hemerobius, welche viel kürzere und breitere Fangzangen besitzen, leben ebenfalls von Blattläusen, deren ausgesogene Hüllen sie in Verbindung mit dem eigenen Kote als schützende Decke über dem Rücken tragen. Eine andere zu den Sialiden gerechnete Gattung Rhaphidia verdankt ihrer eigentümlichen Gestalt, dem stark verlängerten 1. Brustringe, die volkstümliche Bezeichnung „Kamelhalsfliege". Die der Imago in der Körperform ähnelnde Larve lebt unter Rinde und macht in den verborgensten Schlupfwinkeln Jagd auf allerlei Insekten, unter denen ihr namentlich auch Forstschädlinge zum Opfer fallen. Die häufigste Art ist Rhaph. ophiopsis Schm.

12*

Einer dritten Familie ist die Benennung „Schnabelfliegen" (Panorpiden) gegeben, weil die Unterseite des Kopfes in einen langen Schnabel ausgezogen ist, an dessen Spitze die Mundwerkzeuge liegen. Die Gattung Panorpa heißt auch „Skorpionsfliege", weil beim ♂ der letzte Hinterleibsring zu einer blasigen Zange aufgetrieben ist und dadurch an den Giftapparat des Skorpions erinnert. Diese Kerfe sieht man oft emsig im Sonnenschein die Gebüsche nach Beute abstreifen; sie fressen an Insekten, was sie bewältigen können. Ihre Larven leben sehr verborgen am Boden, gleichfalls von Fleischkost.

Nicht weit entfernt streifen einige Zitterpappeln (Aspen, Populus tremula) strauchig niedrigen Wuchses hart unseren Pfad. Das Laub ist schon fast verweht; um so schärfer treten die Zweige in ihren Umrissen hervor. Und da bedarf es nur eines oberflächlichen Blickes, um eigentümliche Anschwellungen an ihnen zu erkennen. Beim Aufschneiden finden wir sie jetzt leer, vermuten aber sogleich aus dem Fraßbilde und den Kotresten des Schnittes, daß es sich um die Wirkung einer Larve, vermutlich einer Käferlarve handelt. Dem ist in der Tat so. Es würde aber sehr sorgfältiger, über die wärmeren Monate fortgeführter Beobachtungen bedürfen, um die Einzelheiten der Entwicklung und den eigentümlichen Brutpflegetrieb festzustellen.

Der betreffende „kleine Espenbock" (Saperda populnea L.) nagt an frischen lebenden Stämmchen regelmäßige hufeisenförmige Figuren furchenartig in der Rinde aus. Die Öffnung dieser Hufeisen-Kerbe ist fast immer nach oben gewendet. Der von der Furche umgebene, halbinselförmige Teil der Rinde ist etwa 10 mm lang und 7 mm breit. Auf ihm sieht man querverlaufende zerstreute Nagestellen, welche im Gegensatze zu der schmal und tief eingeschnittenen Furche nur ganz oberflächlich sind. In die Mitte des umkerbten Feldes legt das ♀ ein Ei ab. Das kleine Loch, in welchem das Ei ruht, erreicht den Holzkörper. Die Larve bleibt anfangs unter dem umfurchten Rindenteile, den sie unterhöhlt, indem sie sich von seinem

Im Herbst auf Heide und Moor

Baststoffe ernährt. Später dringt sie in den Holzkörper ein und frißt die äußere, unmittelbar unter dem Splinte gelegene Holzschicht. Und zwar derart, daß sie die oberflächlichen Rindenteile schont.

Zur Verpuppung bringt die Larve tiefer in das Stämmchen ein, um dort die Puppenwiege anzulegen. Jener Furchenfraß seitens des Käfers hat in der äußeren Splintschicht eine ungewöhnliche Gewebebildung zur Folge. Im weiteren Verlaufe der Entwicklung hat auch eine Neubildung von Holz statt und durch sie eine oft ringsum gleichmäßige, seitliche Ausdehnung des Stämmchens: es entsteht die Galle vor uns.

Diese Fürsorge für die Nachkommenschaft, deren Bedürfnisse der Käfer nie kennen lernte, hat etwas Unerklärliches. Sie bewirkt jedenfalls eine Überführung des betr. Rindenteiles in eine für die Ernährung der jungen Larve geeignetere Beschaffenheit. Belegen doch auch sonst die rindenbrütigen Käfer Äste und Stämme meist erst dann mit ihren Eiern, wenn sie kränkeln oder abgestorben sind. Vielleicht weil ihre Brut im gesunden Saftstrom und vom vollkräftigen Wundgewebe erstickt würde. Der „kleine Pappelbock" befällt aber stets vollkommen gesunde Pflanzen; daher ist er zu jenem Eingriffe genötigt, um ein Kränkeln des Fraßstückes herbeizuführen. Nachträglich wird die betr. Rindenstelle borkig, die Nagefigur infolgedessen unkenntlich.

Auch von einem kleinen Rüsselkäfer Anthonomus rubi wird Ähnliches berichtet. Dieser legt seine Eier in die Blütenknospen von Him= und Brombeeren, nagt aber zugleich den Blütenstiel an, so daß die Knospe sich nicht entwickelt und geschlossen bleibt. Auch hier erfährt also die Nahrung eine vorsorgende Zubereitung durch das Weibchen.

Überhaupt begegnen wir neben den Gepflogenheiten der Brutfürsorge bei den sog. sozialen Insekten (Bienen, Wespen, Hummeln, Ameisen) zahlreichen und mannigfaltigen Brutpflegeinstinkten, besonders auch unter den Käfern. Bekannt ist die Weise, wie z. B. die

Borkenkäfer (Scolytiden) (Abb. 33) in der Rinde, im Splint oder im Holze verschiedenster Baumarten Gänge für ihre Nachkommenschaft ausfressen. Das Weibchen nagt für die Eiablage einen Gang zwischen Rinde und Splint, zu beiden Seiten dieses Mutterganges kleine Nischen zur Aufnahme je eines Eies aus. Die ausschlüpfenden Larven fressen je einen mehr oder minder senkrecht abzweigenden, ihrer zunehmenden Größe entsprechend stärker werdenden Larvengang, meist zwischen Rinde und Splint, doch auch im Splint. Diese Fraßbilder sind für die verschiedenen Arten charakteristisch.

Nicht minder bekannt sind die Gewohnheiten der Pillendreher, Dungballen zu formen, die sie mit je einem Ei belegen. Das Käferpaar z. B. von Sisyphus Schaefferi L. schneidet mit den Vorderfüßen ein Stück von geeigneter Größe aus dem Dungstoffe aus und drückt und preßt es zur Kugelform. Bevor die Käfer die „Pille" in die Bruthöhle wälzen, umgeben sie dieselbe mit einer Schutzhülle aus Erde, welche den Inhalt vor Verdunstung bewahrt. In der Bruthöhle fügt das ♀ der Pille die Eikammer ein; sie erhält dadurch Birnform. Beim Walzen der Pille befindet sich das ♀ vorn; die langen Hinterbeine auf den Boden gestützt, mit den kurzen Vorderbeinen die Pille umfassend, zieht es rückwärts schreitend die Pille nach. Das ♂ schiebt in umgekehrter Stellung an der anderen Seite. Auch andere Dungkäfer, so die Roßkäfer (Geotrupes), lassen oft einfachere Instinkte im Dienste der Brutfürsorge erkennen. Interessantere Verhältnisse bieten unter ihnen die Scarabaeiden, auch die Gewohnheiten der Totengräber (Necrophorus).

Manche Wasserkäfer (Hydrophiliden) besitzen ebenfalls derartige Triebe; z. B. der große Kolbenwasserkäfer (Hydrophilus piceus L.), dem wir nicht selten in Teichen und Tümpeln begegnen. Sein ♀ fertigt im Wasser zwischen Pflanzen auf dem Rücken liegend eine Gespinstdecke an, die es aus zahlreichen weißlichen, aus der Hinterleibsspitze hervortretenden Fäden über seine Bauchfläche webt. Nachdem es dieses Gespinst durch eine entsprechende Körperwendung auf den Rücken genommen hat, webt es eine 2. Decke nach Art der ersteren und verbindet beide zu einem Säckchen, das mit Eiern gefüllt wird. Darauf wird die breite Oeffnung mit Spinnfäden geschlossen, gleichzeitig ein hornförmiger, schlauchgleicher Fortsatz aufgebaut. Während der Eikokon unter der Wasseroberfläche schwebt, vermittelt jener die Luftzufuhr. Die nach 2—3 Wochen schlüpfenden Larven verbleiben noch einige Zeit in dieser Wiege.

Ohne aber die Brutfürsorge-Instinkte der Käfer auch nur andeutungsweise vervollständigen zu können, wollen wir nur noch einige der Rüsselkäfergattung Rhynchitis in Kürze kennen lernen. Der hauptsächlich an Obstbäumen lebende conicus Jll. bohrt junge Triebe an, um in das Bohrloch je 1 Ei zu legen. Unterhalb dieser Stelle nagt der Mutterkäfer den Zweig so stark an, daß er früher oder später abfällt; mit einer Mühe von $1-1\frac{1}{2}$ Stunden. Die Larve nährt sich vom Marke des welkenden Triebes. Pubescens F. dagegen bohrt an holzigen Zweigen von Eichen unterhalb der Triebe Löcher, die er mit je einem Ei belegt und dann verschließt. Alliariae Payk. bewohnt Eichen und Obstbäume; er benutzt für die Eiablage ein Blatt, dessen Mittelrippe er am Grunde anbohrt und mit je einem Ei versieht. Das Blatt vertrocknet dann, verkümmert, fällt ab und dient der Larve als Nahrung.

Betuleti F. an Zitterpappeln, auch auf anderen Laubbäumen und der Weinrebe, rollt einige Blätter zuvor angestochener Triebe zigarrenförmig zusammen. Jeder Wickel werden einige Eier in Bohrlöchern anvertraut. Wiederum nähren sich die Larven von den welkenden Pflanzenstoffen. Die Verpuppung erfolgt im Boden in einer kleinen Erdhöhle. Populi L. benutzt zu seinem Wickel nur je ein Blatt. Andere Rhynchites-Arten legen ihre Eier in junge Früchte, deren Stiel sie anschneiden, so daß die Früchte bald abfallen; so cupreus L. an Pflaumen, bacchus L. an Äpfeln, auratus Scop. an Schlehen. Den höchst entwickelten Instinkt in der Anlage seiner Brutstätte zeigt jedoch der „Trichterwickler" Rh. betulae F. an Birken (Abb. 51). Ich muß es der Beobachtung der nächsten Jahre überlassen zu verfolgen, wie der Käfer nahe dem Grunde zwei

Abb. 51. Rhynchites betulae F.-Blattwickel. Etwa ³/₄.
Phot. Schröder.

bestimmt geformte Schnitte in die Blattspreite aus= nagt, wie er die so bis an die Mit= telrippe gelösten Blattflächen zu= nächst lose aufrollt, die Stelle dann fest zusammenzieht, wie er innen unter der Blattoberhaut klei= ne zellenförmige Täschchen höhlt und mit einem Ei belegt, wie er den „Trich= ter" endlich oben und unten sorgfäl= tig schließt: das alles das Werk ungefähr einer Stunde.

So hat uns der Pappelbock zu einer kurzen Ausschau auf ein Einzelgebiet der Fülle wunderbarer Instinkte veranlaßt, welche die Brutfürsorge der Insekten betreffen. Vieles harrt auf diesen Wegen noch des hingebungsvollen Beobachtens. Zu nicht minder wechsel= vollen Erscheinungen leitet er uns, wenn wir an die vom ihm her= vorgerufenen Gallbildungen anschließen und uns die große Zahl verschiedenartigster Gallen in die Erinnerung rufen oder die stattliche Sammlung derselben mit dem zugleich gewonnenen Zuchtmateriale durchmustern, die uns jeder der früheren Ausflüge schon zu bringen

Im Herbst auf Heide und Moor

vermochte. Jeder Teil der Pflanze kann eine derartige Verbildung zeigen, die Wurzel wie die Blüte und Frucht; Stamm, Zweige, Stengel wie das Blatt, ja der Wuchs. Und unübersehbar mannigfaltig wie die Lage, die Form und Färbung der Gallbildungen ist auch die Anzahl der pflanzlichen und tierischen Schmarotzer, welche sie bewirken, unter denen die Insekten eine führende Stellung halten.

Und wiederum sehen wir auch hier auf dem engeren Raum einer Ordnung, selbst Familie eine gewaltige Vielgestaltigkeit der Beziehungen, wenn wir etwa noch ein Weniges an Aufmerksamkeit den Gallwespen (Cynipiden) schenken. Schon die Form ihrer Eier: ein walzen-, ei- oder kegelförmiger Körper mit einem gleichdünnen, nur am freien Ende verdickten Stiele (Abb. 52), erscheint merkwürdig, und es ist nicht leicht gefallen, sie zu verstehen. Das ♀ hat eine Legeröhre, deren beide Stechborsten einen so engen Kanal bilden, daß der Eikörper nicht hindurchtreten könnte. Daher wird beim Legen des Eies der Inhalt des dem Ausgange zugewendeten Eikörpers in das freie Ende des Stieles hineingepreßt, so daß dieses infolge der Elastizität der Eihaut den ursprünglichen Umfang des Eikörpers erhält. Inzwischen gleitet der leere Sack des Eikörpers durch den Kanal der Legeröhre hindurch, um in gleichem Maße, wie er heraustritt, den Inhalt vom Stielende her wieder zu übernehmen, der dann folgt. Da das ganze Ei samt Eistiel stets bedeutend kürzer ist als die Legeröhre, deren Länge ihrerseits nach der Tiefe

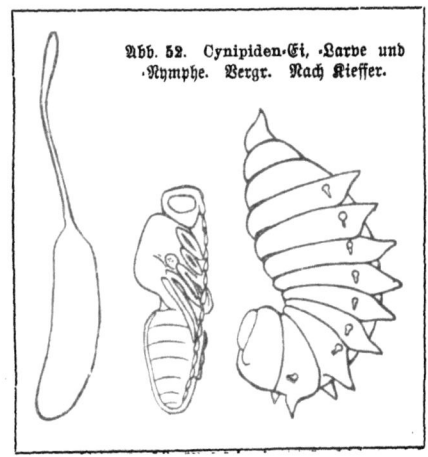

Abb. 52. Cynipiden-Ei, -Larve und -Nymphe. Vergr. Nach Kieffer.

wechselt, in welche die Eier gelegt werden sollen, muß der Eistiel sehr elastisch sein.

Die Cynipiden scheiden sich eigenartigerweise in Schmarotzer von Pflanzen (phytophage) und von Tieren (zoophage). Von letzterer gleichfalls formenreichen Gruppe sind bisher erst drei Larven bekannt. Bezüglich der Wirtstiere sei hinzugefügt, daß z. B. die Angehörigen der Unterfamilie der Charipinae in Blatt= und Schildläusen, die zwei Arten der Anacharitinae in Hemerobius-Larven, jene der Aspicerinae in Fliegen= und Chrysomeliden-Larven, die der Figitinae in Fliegenlarven, der Ibaliinae in Holz= wespen (Siriciden) parasitieren.

Die erwachsenen Larven der phytophagen Gallwespen liegen stark eingekrümmt, erscheinen gewölbt, dick, fußlos, weiß, kahl und glatt; sie lassen außer dem Kopfabschnitt deutlich die zwölf Ringe erkennen, welche den Insektenkörper ursprünglich bilden. „Häutungen" erfahren sie nicht, geben auch keine Aus= wurfstoffe von sich; beides geschieht erst bei der Metamorphose, nachdem also die Nahrungsschicht der Gallen aufgezehrt worden ist. Die Larven, welche im Frühjahr Gallen erzeugen, verpuppen sich schon nach wenigen Wochen, während sich jene, welche im Sommer oder Herbst Gallen bewirken, erst nach Monaten, oft nach einem und selbst mehreren Jahren weiter verwandeln. Die Verpuppung erfolgt stets in der Galle, bei den zoophagen Arten im Wirtstiere

Die Cynipiden besitzen zwar beißende Mundteile; doch dienen sie ihnen nur zum Zernagen der Gallenwand bz. der Körperhaut ihres Wirtes für die Herstellung des Ausfluglohes. Die Imagines der phytophagen Arten sieht man wohl gierig Wasser aufnehmen, die zoophagen Arten saugen gern am Blütenhonig. Erschüttert man dabei die Pflanze auch nur wenig, so lassen sie sich zu Boden fallen, legen Beine und Antennen an den Körper und verharren zunächst in dieser an ihre Nymphen erinnernden Haltung.

Ein besonderes Interesse kommt den Fortpflanzungs= verhältnissen der Gallwespen zu. Es gibt Arten, die nur im

Im Herbst auf Heide und Moor

weiblichen Geschlechte vorkommen, die sich, wie auch zahlreiche Versuche bestätigt haben, stets ohne irgend eine Befruchtung des Weibchens (Parthenogenesis) vermehren und so in unbegrenzter Folge stets gleiche Wespen und Gallen hervorbringen. Andere Arten treten bei jeder Generation in beiden Geschlechtern auf; sie pflanzen sich also auf die gewöhnliche Weise (sexuell) fort. Diese Gruppe enthält jene Arten, welche weder an Eichen noch an Ahorn leben; ferner die sog. „Einmieter"-Gallwespen (Inquilinen). Diese, übrigens eine den Cynipariae als Synergariae auch systematisch gegenüberstehende Gruppe, sind Arten, welche sich in Gallen entwickeln, die entweder von anderen Gallwespen oder von Gallmücken erzeugt werden. Die Einmieter können dabei in der Larvenkammer der Wirtsgalle leben, teils ohne sie zu zerstören, in einem unbewohnten Hohlraum derselben, in Parenchyen-Zellen oder außerhalb der eigentlichen Galle: verschieden im allgemeinen je nach der Inquilinenart. Und je nachdem auch erleiden die rechtmäßigen Larvenbewohner keinerlei Schädigung oder gehen sogar zugrunde. Dadurch daß von manchen Arten dieser Gruppe die Männchen offenbar nur ganz vereinzelt vorkommen, die Weibchen daher unbefruchtet bleiben, sich also parthenogenetisch vermehren werden, schließt sie sich der ersten an.

Aber eine 3. Gruppe sieht sich für ihre Fortpflanzung auf den verwickelten Vorgang des Generationswechsels (Heterogenesis) angewiesen. Die 1. (sexuelle) Generation besteht aus ♂♂ und ♀♀; aus den befruchteten Eiern derselben entstehen nur ♀♀ (agame Generation), die selbst und deren Gallen von der 1. Generation völlig verschieden sind. Aus den unbefruchteten Eiern dieser 2. Generation kommen dann wieder beide Geschlechter von dem Aussehen der ersteren und gleicher Gallbildung wie diese hervor. Ein Beispiel: Sammelt man im Herbst die von den Eichenblättern abfallenden Linsengallen des Neuroterus lenticularis Ol. und bringt man sie nahe 1—2jährigen Eichen des Gartens auf feuchte Erde unter dem Schutze von Laub oder Moos, so erscheinen anfangs März aus diesen inzwischen stark angeschwollenen Gallen schwarze (agame) Wespen, die ihre Eier in die Knospen der Eichenstämmchen ablegen. Die jungen Blätter dieser Triebe zeigen dann im Mai grünliche, durchscheinende, erbsengroße, weinbeerartig saftige Gallen, welche die Blattspreite z. T. durchwachsen. Anfangs Juni entlassen sie ♂♂ und ♀♀ einer Wespenart, die, dem Muttertiere unähnlich, früher als Spathegaster baccarum L. beschrieben waren. Das befruchtete ♀ dieser 2. Generation legt die Eier in die feineren Gefäßbündelzweige an die Blätterunterseite ab; so entstehen wiederum die Linsenzellen, welche nur mittels eines sehr feinen Stielchens am Blatte haften und im Oktober abfallen.

Die Zucht der Gallenbewohner macht dann keine wesentlichen Schwierigkeiten, wenn die Gallen reif oder abgefallen eingetragen werden. Man hat zu suchen, ihnen in den Gefäßen möglichst die gewohnten Temperatur- und Feuchtigkeitsverhältnisse zu gewähren. Für die Beobachtung der Entwicklung vom Ei an wird man die Nährpflanze eingetopft ins Zimmerfenster setzen und die Wespen frei auf sie bringen. Aus eingesammelten Gallen entwickelt sich oft eine bunte, schwer zu ordnende Gesellschaft von Insekten; außer den eigentlichen Gallbildnern auch Parasiten, die „Einmieter", „Ansiedler", welche verlassene Gallen aufsuchen, um ihre Brut unterzubringen; neben ihnen finden sich noch rein zufällige, nur aus Schutzbedürfnis hineingekrochene Gäste. Es ist bei der schwer zu sichtenden Mannigfaltigkeit der Beziehungen naturgemäß gerade hier sehr wertvoll, zureichendes Material, auch biologisches, mit sorgfältigsten Beobachtungsvermerken zu erhalten. Biologische Sammlungen sollten überhaupt viel mehr gepflegt werden, als es bis heute geschieht. Sie sollten nicht nur eine Darstellung der Metamorphose (Ei, Raupe bz. Larve evtl. in den verschiedenen, durch die Häutung getrennten Stadien, Puppe [vollständige Metamorphose] in verschiedener Ausfärbung, die Imago in beiden Geschlechtern) enthalten, sondern auch nach Möglichkeit die vorkommenden Abänderungen, die Beziehungen zur Pflanzen-

Im Herbst auf Heide und Moor

welt (Gallbildungen, Fraßstücke, Aufenthaltsorte u. a.) wie zur Tierwelt (Parasiten, Tischgenossen u. a.) und manches andere ausführlich betreffen.

Die meisten Eier, Larven und Puppen, alle jene durchweg weißlichen Formen, welche bei der trockenen Präparation (Nadeln oder Aufkleben) unkenntlich schrumpfen, wird man in kleinen Gläschen, durch deren überstehenden Korken eine Nadel zum Einstecken in den Sammlungskasten geführt werden kann, in Spiritus aufbewahren. Vielleicht genügt in ziemlich allen Fällen 70%iger denaturierter Spiritus. Mit Vorteil läßt sich oft auch Formalin in 2—5%iger Lösung des käuflichen Fabrikates anwenden, welches insbesondere die Farben besser erhält als Alkohol. Ich habe gern eine Mischung aus 90%igem Spiritus mit etwa 2%ig verdünntem Formalin in gleichem Verhältnis ihrer Mengen benutzt. Manche Eier und Puppen besitzen eine hinreichend feste chitinige Körperwand, um ihre Form ohne jene Aufmerksamkeit dauernd zu wahren.

Für Raupen und Afterraupen (die Larven von Blattwespen), gelegentlich auch größere Larven und Puppen, pflegt man meist eine besondere trockene Präparation anzuwenden. Die etwa im Tötungsglase abgetötete Raupe wird zwischen 2 Blätter Fließpapier gelegt. Dann wird durch langsam streichendes Pressen mit dem Zeigefinger oder mittels eines runden rollenden Holzes von vorn her nach hinten der gesamte Leibesinhalt aus der Afteröffnung ausgedrückt. Dann führt man in diese einen Strohhalm entsprechender Weite ein und trocknet die Raupenhaut über einer Flamme (mit Messingnetz über ihr), indem man ständig durch den Halm Luft einbläst und gleichzeitig die Raupe, welche bei nicht zu starkem Blasen mehr oder minder natürliche Gestalt und Haltung annimmt, fortgesetzt dreht. Auch die natürlichen Farben, welche in Spiritus meist verändert werden, lassen sich so oft schön erhalten.

Derartig präparierte Raupen klebt man dann an die Nahrung,

sofern man sie nicht in besonderen Fällen durch den hervorragenden Teil des Halmes zu nadeln wünscht. Vielfach läßt sich die Nährpflanze einfach "gepreßt" verwenden. Manche, besonders im Blatt härtere, halten sich dauernd natürlich, wenn sie in erhitztes Paraffin getaucht werden. Für zartere wird empfohlen, sie in einem Bade feinen reinen trockenen Sandes, in dem sie in naturwahrer Stellung unter allmählichem Nachfüllen gebettet werden, zu erhitzen.

Der Wunsch, ein reichhaltiges Material von Gallen, deren gesamte Artenzahl auf wenigstens 40000 (bei etwa 13000 bereits beschriebenen) geschätzt wird, zu erhalten, hat uns zu ermüdendem Suchen getrieben. Wir wollen ein wenig ausruhen und wählen eine freie Stelle zwischen dem hohen Heidekraut, dessen Boden die Sonne wohlig durchwärmt hatte. Wie wir beschaulich unsere Blicke über die Erde, das Strauchwerk, die Blütenfülle wandern lassen, bemerken wir, die wir uns ganz lautlos verhalten, wie sich bald hier, bald dort ein Etwas von seiner Umgebung loslöst, bewegt, das wir zuvor völlig übersehen hatten; Raupen, erd- wie laub- und blütenfarben; Kleinfalter auf der Oberseite leuchtend rot oder strahlend blau, die mit zusammengeklappten Flügeln unscheinbar geruht hatten, andere, welche mit flach gebreiteten Flügeln dem Boden, dem Strauchwerk angeschmiegt saßen, noch andere von blattgrünem Aussehen; Käferchen rotfarben, der Heideblüte gleich, auch an ihnen; Heuschrecken, welche das Weißgrau des Bodens zu tragen scheinen, bis sie schwirrenden Fluges ihre bunten Hinterflügel freilegen, um an einer anderen Stelle wieder unsichtbar einzufallen; und vieles andere derart, noch mehr allerdings auch, das uns nur seiner Kleinheit oder des Versteckes wegen sonst entgangen wäre.

Jene Färbung, welche eine gewisse Übereinstimmung mit dem gewohnten Aufenthaltsorte zeigte, würde in das Kapitel der Schutzfärbung reihen. Über die Schutzfärbung ist unendlich viel geschrieben worden, seitdem der Darwinismus

Im Herbst auf Heide und Moor

(die Selektionshypothese) die Bedeutung und Entstehung derselben erklären zu können glaubte. Ihren Wert sucht er in der Annahme, daß sie ihren Träger vor den Nachstellungen seiner Feinde schütze; ihr Werden führt er auf die Grundzüge seiner Hypothesen zurück: 1) Veränderlichkeit der Arten, hier in bezug auf die Färbung; 2) Kampf ums Dasein, welcher die für ihn besser ausgerüsteten Individuen der Art überleben läßt, hier jene, deren Färbung mit der Umgebung peinlicher übereinstimmt, welche die Feinde infolgedessen eher übersehen; 3) Vererbung dieser erhaltungsdienlicheren Eigenschaften auf die Nachkommen.

Das alles klingt sehr einleuchtend. Und doch hat es stets vereinzelte Forscher gegeben, deren Zahl in den letzten Jahren an Ansehen stark gewachsen ist, welche die nur leicht verdeckten Unwahrscheinlichkeiten zur Ablehnung veranlaßte. Um nur einiger weniger Einwände zu gedenken. Es wird gewiß mit Recht bestritten, daß solche kleinsten Färbungsabweichungen, mit denen der Darwinismus rechnet, eine die Auslese im Daseinskampfe beeinflussende Bedeutung hätten. Wenigstens zu unseren Zeiten ist es äußerst selten zu beobachten, daß z. B. Schmetterlinge, welche die ausgesprochensten Beispiele an Schutzfärbung zeitigen, von scharfsichtigen Feinden, zu denen die Vögel und etwa Eidechsen gehören könnten, überhaupt verfolgt werden. Auch wird es eine reichlich vermenschlichte Anschauung sein dafürzuhalten, daß in der Natur ein Kampf nach der Weise jenes Wettstreites stattfinde, wie ihn die Völker in ihrem kriegerischen Rüstzeuge zu Lande und Wasser führten und führen werden, bis — ich wüßte es nicht zu sagen. Aber uns hat die Erfahrung mit der „Nonne" gelehrt, daß sich eine Art nicht ungestraft über die Zahlengrenze hinwegsetzen darf, welche das Naturganze ihr, vielleicht in weitem Umfange, setzte. Feinde, welche, viel mehr artgetrennt und selbst individuell verschieden in ihrer Auswahl als meist angenommen, keine Schutzfärbung zu täuschen vermöchte, die in diesem Falle ihrem Geruchssinne folgen; Raupenfliegen, Schlupfwespen u. a. töten die überschüssigen Wesen. Und so wird es der Natur im allgemeinen auch nicht an Mitteln fehlen, vom Untergang bedrohte Formen zu erhalten. Zu alledem wird die sichere Vererbung solcher kleinsten Unterschiede durch den Versuch nicht einwandfrei bestätigt.

Welche Bedeutung, welchen Ursprung denn nun die Schutzfärbung habe? Wir brauchten uns nicht zu schämen, einmal zu gestehen, wir wüßten es nicht. Oder doch? Schon vor bald 25 Jahren habe ich die Ansicht ausgesprochen, ich konnte sie auch in experimentell-physikalischer Beziehung erhärten, und gerade in den letzten Jahren sind mehrere, vielleicht unabhängige, gleichsinnige Arbeiten erschienen, welche ausschließlich oder namentlich physiologische Ursachen für die Färbungen und die ihnen zugrunde liegenden Farbstoffe (Pigmente) annehmen. Ursachen also, die im Organismus selbst begründet sind, nicht aber, wie der Darwinismus möchte, in der Außenwelt. Auf physiologische Beziehungen weist z. B. schon eine von uns öfters gemachte Beobachtung hin. Wir sehen, wie in diesem selben Augenblick, in dem eine leichte Wolke die Sonne deckt, z. B. die eben noch flugfreudigen Tagfalter in die totähnliche Ruhestellung gebannt erscheinen, und werden hieraus eben diese Folgerung ziehen dürfen, daß die „kaltblütigen", richtiger wechselwarmen Insekten, wenigstens jene und andere unter ihnen, in außerordentlicher Weise von den Temperaturverhältnissen abhängen.

Die Gesamtheit der Färbungsverhältnisse weist noch manche schwer einsinnig deutbare Erscheinung auf. So ist uns nicht die Verschiedenheit der Ruhestellungen gerade auch der Falter entgangen. Vergleichen wir z. B. die Unterseitenfärbungen der Vanessa urticae L. und Polygonia c-album L., des „kleinen Fuchses" und „weißen C", so sehen wir auf ihr im Gegensatz zu den sehr lebhaft gemusterten Oberseiten unscheinbare (sympathische) Farben weit überwiegen. Bei anderen Faltern, so dem Schwalbenschwanz Papilio machaon L., wiederholt die Unterseite, nur matter, verloschener, die Färbung der Oberseite. Urticae L. bz. c-album L.

tragen solche oberseitenähnliche Färbung nur an der Vorderflügel=Unterseite und zwar erstere bis auf das Viertel der Umrißspitze, letztere nur am Flügelgrunde. Eine gewisse Erläuterung findet diese Feststellung, wenn wir die Ruhestellungen der beiden Falter genauer beobachten. Die Wieder=holung der Oberseitenfärbung hat sich ausschließlich dort erhalten, wo der Hinterflügel unterseits den Vorderflügel deckt: alle wäh=rend der Ruhe sichtbaren Teile zeigen ein unscheinbares sympa=thisch gefärbtes Kleid. Diese Ver=hältnisse sind die Regel.

Die Spanner (Geometriden) ruhen meist mit flach abgespreiz=ten, der Unterlage angeschmiegten Flügeln, so daß die Oberseiten, mehr oder minder auch der Hinter=flügel, sichtbar sind (Abb. 54).

Abb. 53. Epinephele justina L. (2 Exemplare) auf Stative in Ruhestellung saugend (Fühler bewegt), Melanargia galatea L. in den Klauen einer Spinne tot mit ausgebreiteten Flügeln. Etwa ³/₅ nat. Gr. Phot. Chr. Schröder.

Meist sind sie unansehnlich gefärbt, heller oder dunkler grau, in bräunlicher Tönung, mit grünlichen Mischfarben u. a., seltener ausgesprochen rot, lebhaft grün, rein weiß. In der Lebensweise der so selbst innerhalb einer Gattung (z. B. Cidaria) verschieden gefärbten Arten herrscht vielfach keinerlei Beschränkung bezüglich des Ruheortes. So trifft man die weiße Cabera pusaria L., die z. B. an Birken= und Aspenstämmen vorzüglich „geschützt" säße, neben diesen an Kiefernstämmen an; ebenso oft auf dem Laube z. B. von Brom= und Himbeeren im zerstreuten Lichte, wie unter ihm während der Besonnung. Und Regen treibt sie und die anderen

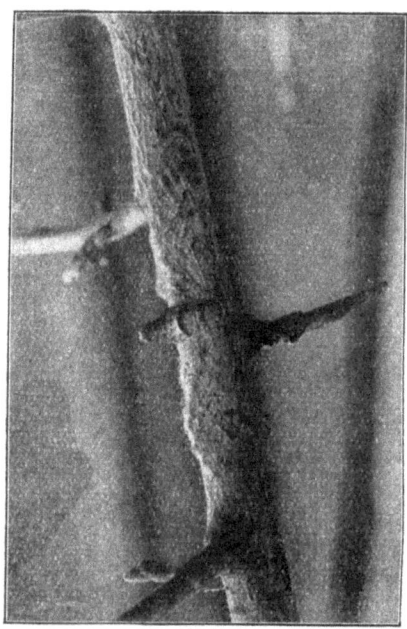

Abb. 54. Eupithecia (Tephroclystia) innotata Hufn. in Ruhestellung. Etwa ⁵/₃ nat. Gr. Phot. Schröder.

Falter überhaupt aus dem niederen Pflanzenwuchs die Stämme hinauf. Es sind dies keine Erfahrungen, welche zugunsten einer „Schutzfärbung" sprechen.

Die „Eulen" (Noctuen), „Spinner" (Bombyciden) und „Schwärmer" (Sphingiden) sitzen tagsüber meist mit dachförmig zurückgeschlagenen, die Hinterflügel bergenden Vorderflügeln. Bisweilen tragen die während der Ruhestellung unsichtbaren Hinterflügel lebhafte Farben, so bei Smerinthus ocellata L., dem „Abendpfauenauge". Stößt man eine ruhende ocellata L. leicht etwa gegen den Kopf oder Thorax, so werden die Vorderflügel blitzschnell in eine dachförmige Lage gebracht und, neben einer kennzeichnenden Haltung des Körpers überhaupt, die Hinterflügel stark zurückgezogen, so daß die Augenzeichnung inmitten des rotleuchtenden Feldes hervortritt (Abb. 55). Gleichzeitig führt das Tierchen eine eigentümliche, rhythmische, wippende Bewegung aus, die durch Abstoßen und Anziehen des Vorderkörpers mittels der Beine zustande kommt; es fliegt nicht fort. Man spricht hierbei von einer Trutzstellung und meint, sie könne dazu dienen, Feinde abzuwehren, zu erschrecken. Es gibt sonst ernste Forscher, welche in dem Tierchen dann die Nachahmung des Kopfes eines kleinen Raubtieres mit seinen Augen, der Nase (Hinterleib) und den

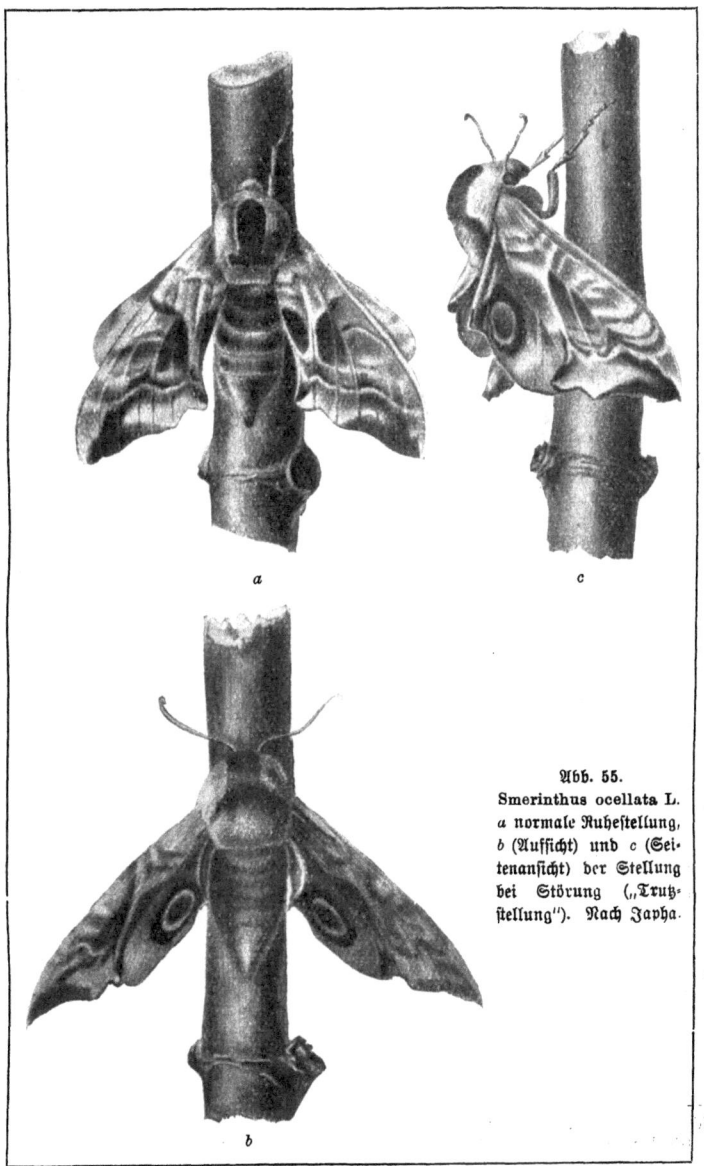

Abb. 55. Smerinthus ocellata L. *a* normale Ruhestellung, *b* (Aufsicht) und *c* (Seitenansicht) der Stellung bei Störung („Trutzstellung"). Nach Japha.

Abb. 56.
Dicranura vinula L.-Raupe. ¹/₁. Nach Kraepelin.

Ohren (Flügeln) erkennen wollen. Meine Phantasie reicht nicht so weit.

Als Schreck=(Trutz=) Stellungen angesprochene Haltungen finden sich auch sonst, so selbst bei Raupen, z. B. des Weinschwärmers Choerocampa elpenor L. Diese, grün oder schwärzlich, zieht für die Ruhe ober bei Beunruhigung die verjüngt zulaufenden Brustringe mit dem Kopf in den starken vierten Ring zurück, dessen beide Augenflecken — außer den kleineren der folgenden Ringe — dadurch bemerkbarer werden. Hierdurch soll dem Verfolger ein Schlangen- ober Eidechsenkopf vorgetäuscht werden. Hier sei auch die Raupe des Gabelschwanzes (Abb. 56) angeschlossen, welche bei Beunruhigung aus dem Munde des erhobenen und dem Angreifer zugewendeten Vorderkörpers einen ätzenden Saft spritzt und aus den beiden emporgetrage=

Abb. 57. Aufgerollte Raupe einer „Beulenblattwespe" (Cimbex spec.). ¹/₁ nat. Gr. Phot. Chr. Schröder.

Im Herbst auf Heide und Moor 197

nen „Schwanzspitzen" je einen hochroten schlängelnden Faden aus=
treten läßt.

Einen merkwürdigen, von dem gewöhnlichen Raupentypus ab=
weichenden Eindruck macht z. B. bereits die Aufrollung mancher
Formen (Abb. 57). Andere Arten deuten auch wohl in ihrer Ge=
stalt „Ungenießbares" an. Ein Beispiel: viele Spannerraupen
ähneln in der Ruhe grünenden oder verholzten Zweigen (Abb. 58);
ihre Feinde, so die Vögel, sollen sie derart übersehen. Bisweilen

Abb. 58. Die pseudomimetische Raupe von Amphidasis betularia L.
(Die Raupe differiert nach Stärke und Haltung von einem Aste.) Etwa
²/₃ nat Gr. Phot. Chr. Schröder

zeigen auch Angehörige verschiedener Familien, selbst Ordnungen
und Tierklassen, eine mehr oder minder überraschende Gleichstimmig=
keit des Gesamteindruckes (Habitus). Das beste Beispiel einer solchen
„Mimikry" in unsrer Fauna bilden wohl die Sesien („Glas=
flügler") und gewisse Wespenformen (Abb. 59). Die
Wespen sind mit einem Giftstachel bewaffnet; die ähnlichen Falter
könnten durch jenen Betrug des Rufes genießen, auch bewehrt zu
sein, und gemieden werden. In anderen Fällen soll die eine (nach=

198 Im Herbst auf Heide und Moor

Abb. 59. Hornissenschwärmer (Aegeria apiformis Cl.), nebst Raupe, Puppe in ihrem Lager und Puppenhülle. ¹/₁. Nach Brehm.

geahmte) der Formengruppen infolge übler Körpersäfte ungenießbar und dann durch grelle Farben (Schreckfarben) ausgezeichnet sein. Für einzelne Feinde, z. B. Vögel, wäre das immerhin denkbar, ohne bisher erwiesen zu sein. Wir sahen aber bereits, daß sich die furchtbarsten und erfolgreichsten unter ihnen um die Färbung ihrer Opfer nicht im geringsten scheren. Doch, es würde dicke Bände füllen, wollten wir die Färbungsverhältnisse der Insekten auch nur angenähert erschöpfen: wir müssen uns mit diesen Andeutungen begnügen.

Schlußwort. Es heißt jetzt scheiden. Uns bleibt nicht mehr Zeit, um im Torfe nach Resten vorzeitlicher Insekten zu graben und etwa Flügeldecken von Carabus-Arten zu finden, welche den heutigen Arten sehr nahe stehen; oder um die Bernstein-Einschlüsse auf ihre Gattungs-Verwandschaft mit den jetzigen Formen zu prüfen; um den ursprünglichsten Insekten bis in längst entschwundene Erdepochen, in die carbonische Formation (Steinkohlenzeit) nachzugehen. Wir hätten damit Material erlangt, um von einer Entwicklung der Kerfe im Laufe der Erdgeschichte sprechen zu können, und einen Anhalt gewonnen für die Beurteilung der Theorie von der Entwicklung der Organismen aus einfacheren Formen (Deszendenztheorie).

Schon ist die Natur wieder dem Winterschlafe nahe; der Zeitenwechsel geht seinem Ende entgegen, um gekräftigt von neuem zu erstehen. Das Jahr hat uns in bunter Folge Bilder aus dem Leben unserer Kerftierwelt entrollt; der planmäßigen Übersicht dient das Inhalts= und Sach=(Stichwort=)Verzeichnis. Das Literaturverzeichnis gibt, obwohl es aus Raummangel nur einige wertvolle allgemeine Werke aus der ungeheuren Fülle der insektologischen Literatur berücksichtigen konnte, eine Möglichkeit, eingehendere Arbeiten auf dem Gebiete des besonderen persönlichen Interesses zu benutzen.

Möchte mein aufmerksamer Begleiter unter allen Umständen ersehen haben, daß die heimische Insektenwelt eine unübersehbare Mannigfaltigkeit des fesselndsten biologischen Inhaltes hat, daß sie ein Arbeitsfeld von eigenartigster Schönheit und einer außergewöhnlichen Ausdehnung ist. Um es zureichend zu erforschen, bedarf es noch der opferfreudigen, hingebungsvollen Mitarbeit gar vieler. Möchte ich einen neuen Mitarbeiter an der Förderung unserer Kenntnisse des Kerftierlebens gewonnen haben.

Literaturverzeichnis.

Arnold, Eugen, Die Anlage und Erhaltung biologischer Insektensammlungen. Gießen 1920.
Brauer, A., Die Süßwasserfauna Deutschlands. (Insektologische Hefte.) Jena 1912 u. folg.
Brun, R., Das Leben der Ameisen. Leipzig 1924.
v. Buttel-Reepen, H., Leben und Wesen der Bienen. Braunschweig 1915.
Dahl, Fr., Grundlagen einer ökol. Tiergeographie. Jena 1921.
Deegener, P., Lebensgewohnheiten der Insekten. Leipzig 1925.
—, Ein Lehrjahr in der Natur. Jena 1922.
—, Die Formen der Vergesellschaftung im Tierreiche. Leipzig 1918.
Escherich, K., Die Forstinsekten Mitteleuropas. Stuttgart 1914.
—, Die Ameise. Braunschweig 1917.
Fabre, J. H., Bilder aus der Insektenwelt. Stuttgart 1908.
Friese, H., Die europäischen Bienen. Leipzig 1923.
Forel, A., Das Sinnesleben der Insekten. München 1910.
Hesse, R., Tiergeographie auf ökologischer Grundlage. Jena 1924.
Heymons, R., Die Insekten. In: Brehms Tierleben. Leipzig 1920.
Kammerer, Paul, Zuchtversuche zur Abstammungslehre. Jena 1911.
Kirchner, O., Blumen und Insekten. Leipzig 1911.
Krancher, O. u. E. Uhmann, Die Käfer. München 1922.
Küster, E., Die Gallen der Pflanzen. Leipzig 1917.
Lindinger, L., Die Schildläuse Europas. Leipzig 1912.
Lindner, E., Die Fliegen der paläarktischen Region. Stuttgart 1924 u. folg.
von Linstow, O., Die Schmarotzer des Menschen und Tiere. Leipzig 1910.
Maier-Bode, F. W., Taschenbuch der tierischen Schädlinge. Eßlingen 1924.
Reuter, O. M., Lebensgewohnheiten der Insekten. Berlin 1913.
Roß, H., Die Pflanzengallen Mittel- und Nordeuropas. Jena 1911.
Schaufuß, Cam., C. G. Calwers Käferbuch. Stuttgart 1907 u. folg.
Schmidt, Cornel, Anleitung zur Haltung und Beobachtung wirbelloser Tiere. München-Freising 1920.
Schröder, Chr., Handbuch für Naturfreunde. 2. Bd.: Zoologie. Stuttgart 1910.
—, Die Insekten Mitteleuropas, insbesondere Deutschlands. Teil: Hymenopteren. 3 Bde. Stuttgart 1912/26.
—, Handbuch der Entomologie. Jena 1914 u. folg.
Schulze, Paul, Biologie der Tiere Deutschlands. (Insektologische Hefte.) Berlin 1920 u. folg.
Spuler, A., Die Schmetterlinge Europas (und: Die Raupen der Schmett.) 4 Bde. Stuttgart 1918.
Stäger, R., Erlebnisse mit Insekten. Zürich 1919.
Standfuß, M., Handbuch der paläarktischen Großschmetterlinge. Jena 1896.
Tümpel, R., Die Geradflügler Mitteleuropas. Gotha 1918.
Voigt-Oschatz, Max, Mit Kescher und Lupe. Leipzig 1921.
Wasmann, E., Die psychischen Fähigkeiten der Ameisen. Stuttgart 1909.
Will, J., Die wichtigsten Forstinsekten. Neudamm 1922.
Zacher, Friedrich, Die Geradflügler Deutschlands. Jena 1917.
Zander, En., Der Bau der Biene. Stuttgart 1911.
—, Das Leben der Biene. Stuttgart 1913.

Sachregister.

Aaskäfer 177
Abänderungen 144, 152, 176
Abänderlichkeit der Instinkte (Larven) 49
Abendpfauenauge (Ruhestellung) 194
Aberrationsbildung (exp.) 75
Ackereule 63
Acronycta aceris 64
Adalia bipunctata 82
Aberflügler 168
Aglia tau 91
Agrotis ypsilon 55
— exclamationis 63
— pronuba 69
Agriotypes armatus 168
Ameisen 141, 158
Ameisenlöwen 178
Amphidasis betularia 197
Anaphes cinctus 169
Anbeißen von Blüten (durch Hummeln) 106
Anlockungsmittel (Schrillen der Grille) 45
— (der Blüten) 108
Anobium pertinax 35
Anopheles maculipennis 169
Anpassungen an Überwinterung 65
Anthonomus rubi 181
Anthophora parietina 128
Anthrax trifasciata 127
Anzahl der Insekten 1
Apanteles glomeratus 155
Apatura iris 59
Aphiden 161

Aphis aceris 66
— ribis 93
— crataegi 95
— rosae 95
— xylostei 95
Aporia crataegi 59
Apterona helicinella 62
Araschnia levana 77
— prorsa 77
— porima 77
Arterhaltung 55
Artmerkmale 86
Aufzuchtkästen 156
Aufzucht (von Gallenbewohnern) 188
Aufenthaltsort b. Ins. 2
Aufspaltung 148
Augen b. Ins. 112
Aurorafalter 64
Ausfärbung (Adalia) 87
Ausrüstung (des „Sammlers") 97
Ausscheidungsstoffe 161

Bastardzüchtung 146
Baumwanzen 143
Baumweißling 59
Befall (Wirkung desselben) 135
Beine (Fliege) 5
Bekämpfung (der Mücken) 173
Bernstein-Einschlüsse 198
Bettwanze 23
Beulenbildung (b. Johannisbeerblattes, Ursache) 94
Bewegungsweise d. Ins. 4
Bibionidae 174
Bienen 127
Bienenläuse 30

Bilderzeugung im Ins.-Auge 113
Biocönose 3, 119
Biogenetisches Grundgesetz 89
Bläulinge 164
Blattläuse 93, 161
Blattlauslöwe 179
Blattschneidebienen 123
Blattwespen 132
Blepharoceridae 174
Blütenfarben 108
Blütennahrung b. Ins. 105
Blütenvorrichtungen z. Abhalten ungebetener Gäste 105
Blutparasiten 28
Blutsaugende Ins. 33
Bodeninsekten 157
Bodenverhältnisse 119
Bombyx mori 80
Borkenkäfer 135, 182
Braconiden 143, 169
Braula coeca 30
Brummen (Hym.) 10
Brutpflege 181
Buchenspinner 64

Carabus 6, 13
— violaceus 176
Caradrina morpheus 63
Carausius morosus 36
Calosoma sycophanta 143
Cecidomyidae 174
Chalcidier 169
Chalicodoma 126
Charaeas graminis 58
Cheimatobia brumata 55
Chermes 96
Chionaspis evonymi 18
— salicis 18

Chironomidae 173
Chitin 5, 19
Choerocampa elpenor 196
Chrysis ignita 124
Chrysomphalus dictyospermi 18
Chrysopa 178
Cicindelen 177
Cimex lectularius 23, 196
Clerus formicarius 138
Coccinella 67, 177
Cochlidion limacodes 60
Coelioxys 131
Cossus cossus 63
Culex pipiens 170
Cursoria 49
Cymatophora flavicornis 151
Cynipiden 185

Darwinismus 190
Dasselfliege 25
Deszendenztheorie 199
Dexia canina 16
Diaspinae 20
Dicranura vinula 196
Distelfalter 76
Dreifußglanz b. Inf. 6
Drosophila funebris 17
Duft (b. Blüten) 115

Ectobia lapponica 52
Echinomyia fera 28
Eigenschaftsanlagen 150
Einfluß der Feuchtigkeit 78
Einfluß der Temperatur 71
Einmieter (von Gallen) 187
Einwanderer 48
Eisvogel 59, 60
Eiszeitform (A. levana) 78
Eizustand (Schmett.) 56
Eivorrat 28, 62
Ektoparasiten 22
Entartung 144
Entoparasiten 22
Bestimmt gerichtete Entwicklung 90
Entwicklungsformen 122

Entwicklungslehre 199
Epicauta vittata 126
Eriogaster catax 57
Eschenblattnestlaus 96
Espenbock 180
Essigfliege 17
Euchloë cardamines 64
Eumenes coarctata 124
Euproctis chrysorrhoea 57

Fächerflügler 30
Färbung (sympathische) 154
Färbungsübergänge (spez. u. aberr.) 87
Fang des Heimchens 42
Fangnetz 97
Farbenblindheit (Menschen) 110
Farbensehen 110
Farbensinn (Honigbiene) 109
Farbstoff (Schmett.-Schuppen) 92
Fledermausläuse 30
Fleischfliege 29
Flöhe 23, 32, 33
Florfliegen 178
Flugvermögen b. Inf. 8
Formenreihen (Adalia) 82
Fortbildungen (bei Paras.) 33
Fraßbild 133
Fremdbestäubung (der Pflanzen) 105
Frostspanner 55
Frostversuche 74
Frühlingsfalter 54
Fuchs, kl. u. gr. 76
Fürsorge (für die Nachkommenschaft) 181
Fußsohle (Fliege) 7

Gabelschwanz 196
Gäste (von Ameisen) 161
Gallen 184, 190
Gallmücken 173
Gallwespen 185

Gastropacha quercifolia 79
Gastrophilus equi 25, 33
Gedächtnis (bei Inf.) 165
Generationen 70, 146
Generationswechsel 95, 187
Geometriden (Ruhestellung) 193
Glasflügler 197
Glossina palpalis 28
— morsitans 28
Gnaphalodes strobilobius 96
Goldafter 57
Goldwespe 124
Graphische Darstellungsweise 84
Grüne Färbung (Stabheuschrecke) 37
Grundfarbe 92
Gryllus domesticus 41

Haarmücken 174
Haftpolster (Fliege) 7
Häufigkeitsverhältnis (Var. u. Aberr.) 83
Hausgrille 41
Heimchen 41
Hemiteles biannulatus 168
Heuschrecken (Melanoplus) 126
Hibernia aurantaria 55
Hippobosca equina 30
Hitzeversuche 75
Hörvermögen (Fliege) 15
— (Grille) 46
Hoplitis milhauseri 65
Hummeln 40, 106
Hydrophilus piceus 182
Hylophila prasinana 64
Hymenoptera 168
Hypena rostralis 54
Hypermetamorphose 126
Hypnose 38
Hypoderma bovis 25

Ichneumoniden 143
Individualität des Verhaltens (Überwint.) 63

Sachregister

Innenschmarotzer 33
Inquilinen 187
Insektenbesuch (Exp.) 116
Insektenblumen 108
Insektengäste an Schmett.-
  u. Lippenblütlern 106
Insektensieb 99
Instinkte 164
Jugendstadien 155

Kälteexperiment 72
Kältestarre 67
Kältetod 69
Käsefliege 17
Kamelhalsfliege 179
Kampf ums Dasein 90
Katalepsie 37
Kiefernspinner 80
Kleiderlaus 23
Kleidermotte 24
Klimatische Einflüsse 62, 85
Klopfschirm 99
Köcherfliegen 168
Köder 117
Körpertemperatur 66
Kolbenwasserkäfer 182
Komplexaugen 113
Kopflaus 22
Krankheitsüberträger (Dipt.) 17
Kreuzungen 86, 146
Kribbelmücken 174
Kupferglucke 79
Kurzflügler 163, 177

Lampyris splendidula 114
Lasiocampa pini 80
Läuse 22
Laufen (der Ins. über Flüssigkeitsoberflächen) 6
Laufkäfer 176
Lausfliegen 29
Lautäußerungen b. Ins. (Zweck) 46
Lebendgebärend 94
Lebensgemeinschaften 121
Lebensgewohnheiten 152

Lebensweise 122
Leimringe 139
Lernen (seitens der Ins.) 49, 165
Leuchtkäfer 114
Leucoma salicis 56
Libellen 9
Lichtwirkung (ultraviolett) 112
— (auf Ins.) 116
Limenitis camilla 59
— populi u. sibylla 60
Liponeura cinerascens 174
Lomechusa 161
Luftsäcke b. Ins. 8
Lupen 103
Lycaena argus 164
Lymantria dispar 57
— monacha 133
Lytta vesicatoria 131

Macrothylacia rubi 63
Malacosoma neustria 57
Mantispa styriaca 125
Marienkäfer 67, 82, 177
Massenzunahme 144
Mauerbienen 123, 126
Megachile centuncularis 123
Melanismus 90, 145
Melecta 131
Meloë 24, 130
Melophagus ovinus 30
Merkmale (dominante u. rezessive) 147, 150
Metamorphose 125, 188
Microgaster 143
Mimikry 162, 197
Mischformen 149
Mordraupen 154
Morphologie 1
— der Schildläuse 19
Musca domestica 3
Muskulatur 4, 11, 12
Muskelkraft b. Ins. 13
Muskelstarre 37
Mutation 151
Mycetophilidae 174

Mymarinen 169
Myrmeleon 178

Naenia typica 70
Nachtpfauenauge 64
Nagelfleck 91
Nahrung 21, 154, 156
Nahrungs-Experimente (Raupen) 80
Nervensystem b. Ins. 50
Nester (künstliche) 159
Netzflügler 125, 178
Netzhautbild 114
Netzmücken 174
Neuropteren 125, 178
Neuroterus lenticularis 187
Nigrismus 91
Nonne 133
Nützliche Ins. 177
Nycteribia Latreilli 30

Ölkäfer 130
Örtlichkeiten 122, 153
Oestrus ovis 25
Onthophagus nuchicornis 13
Ontogenie 88
Orgyia antiqua 56
Orrhodia rubiginea 164
Ortsgedächtnis(Biene)111
Osmia papaveris 123

Panorpiden 180
Papilio machaon 64, 76
— podalirius 64
Parasitismus 22, 32
Parthenogenesis 62, 67, 94, 187
— (bei Pflanzen) 108
Pediculus capitis 22
— vestimenti 23
Pemphigus nidificus 96
Periplaneta americana 52
— orientalis 48
Pferdebremse 25
Pferdemücken 171
Pflanzenwelt 119

Phyllodromia germanica 52
Phylogenie 88
Physiologie 1
— der Färbung 192
Pinzette 102
Pillendreher 182
Pillenwespe 124
Pilzmücken 174
Pilzparasiten (Fliege) 16
Piophila casei 17
Platypsyllos castoris 24
Plusia chrysitis 70
— gamma 55
Präparation 189
Prestwichia aquatica 169
Probesammeln 153
Psychiden 61
Psychische Fähigkeiten 165
Psychodidae 173
Pulex irritans 24, 32
Pupiparen 29
Puppenräuber 143
Pyraméis atalanta u. P. cardui 76

Rassenbildung 152
Rassereinheit 148
Raupenfliegen 27, 142
Rhaphidia 179
Rhynchites betuleti, betulae 183
Riechvermögen (Fliege) 14
Ringelspinner 57
Rosenblattlaus 95
Rückbildung von Organen 32
Rudimente 32, 62
Ruhestellungen (von Faltern) 192
Rüsselkäfer 181

Sackträger-Raupen 60
Saltatoria 49
Sammelbüchsen 102
Sammelgläser 101
Sammelschachteln 101
Sandfloh 32
Sandläufer 177

Saperda populnea 180
Sarcophaga carnaria 16
Sarcopsylla 32
Saturnia pavonia 64
Saugrüssel (Fliege) 14
Schabe 48
Schaben (der Nonne) 141
Schädigungen durch Schildläuse 21
Schädlinge 132, 153
Schafbremse 25
Schafläuse 30
Schildformen (Cocciben) 18
Schildläuse 17
Schillerfalter 59
Schlafkrankheit 29
Schlupfwespen 142, 168
Schmarotzerbienen 131
Schmarotzertum b. Ins. 22
Schmeckvermögen (Fliege) 15
Schmeißfliegen 16
Schmetterlinge (Waldschädlinge) 132
Schmetterlingsfang 117
Schmetterlingsmücken 173
Schnabelfliegen 180
Schnaken 11, 169
Schraubenflieger 10
Schreck-(Trutz-)Stellung 195
Schreckfarben 198
Schrillapparate (Grille) 42
Schutzfärbung 190
Schwalbenschwanz 64
Schwammspinner 57
Schwingkölbchen (Dipt.) 11
Scoliopteryx libatrix 54
Scolytiden 182
Seelenleben b. Tiere 36
Seidenspinner 80
Selbstbestäubung (bei Pflanzen) 107
Selektionshypothese 191
Sesien 58, 197
Seuche 142
Sialiden 179

Sichtotstellen (Anobium) 86
Silphiden 177
Simuliidae 174
Sisyphus Schaefferi 182
Sitaris humeralis 128
Skelett 4
Skizzieren 156
Skorpionsfliegen 180
Smerinthus ocellata (Ruhestellung) 194
Sommertrieb 66
Spanische Fliege 24, 131
Spanner (Ruhestellung) 193
Spannerraupen 197
Spathegaster baccarum 188
Spezialforschung 121
Staatenleben (Ameisen) 164
Stabheuschrecke 36
Stammbäume 88
Stammesgeschichtliche Entwicklung 88
Stammform 145, 176
Staphyliniden 163, 177
Stauropus fagi 64
Stechfliege 16
Stechmücken 169
Stechrüssel 33
Stirnaugen 113
Stoffwechsel 33, 66
Stomoxys calcitrans 16
Streifnetz 98
Stepsipteren 30
Stridulieren 41
Stubenfliege 2
Summen (Fliege) 10
Süßwasseraquarium 167
Symphilen 162
Synoeken 162
Systematik 121

Tachinen 27, 142
Tagebuch 156
Tagfalter (im Frühling) 54
— (Ruhestellung) 192
Tagpfauenauge 76

Sachregister

Tannenwurzellaus 96
Temperatur-Experimente 72
Temperatur-Optimum 68
Tephroclystia innotata 194
Tinea pellionella 24
Tötungsgläser 100
Tonerzeugung 45
Totenuhr 35
Trauermantel 77
„Treiben" der Raupen u Puppen 69
Trichoptera 168
Triebe 66, 68
Tropismen 164
Trutzfärbung 155
Trutzstellung 194
Trypanosomen 28
Tsetsefliege 28

Überwinterung (Tagfalter, Noctuen als Imagines) 54
—(Schmett.) im Eizustand 56, im Raupenzustand 58, 62

Überwinterung als Puppe 64
Umfärbung (Kokons) 80

Vanessa io u. urticae 76
— antiopa 77
Variabilität 81, 90, 176
Variationsbreite 89
Varietätenbildung 72, 76
Veränderlichkeit der Größe 79
Verbreitung b. Ins. 1
Vererbungslehre 146
Vermehrungszahlen (Kopflaus) 22
Vertilgungskampf (gegen die Nonne) 137
Verwandlung (unvollkommene) 48
Vorkommen (Schildläuse) 20
— (Zahlenverhältnis des) 153

Wachsausscheidungen (Schildläuse) 19
Wahrnehmung (Gesichts-) 115
Waldfauna 132

Wanderungen 95, 137
Wanzen 22
Wärmeexperiment 74
Wärmestarre 67
Wasserfauna 120
Wasserfangnetz 98, 167
Wasserinsekten 166
Wasserkäfer 8, 182
Wechselbeziehung, Ins. u. Blüten 109
Wechselwarme Tiere 68
Weidenbohrer 63
Weinschwärmer 196
Winterschlaf 65
Wirkung des Lichtes (auf Schabe) 49

Xenos 30

Zeichnung (Schmett.) 92
Zeichnungselemente 89, 145
Zeichnungsschema 89
Zirpapparate b. Ins. 42
Zuchtbehälter 158
Zuchtweise 92
Zuckmücken 173
Zweckbestimmung 57, 69

Das Leben der Ameisen
Von Privatdozent Dr. med. R. Brun
Mit 60 Abbildungen im Text
(Teubners Naturwissenschaftliche Bibliothek Band 31.) Gebunden M. 5.—

„Brun ist seit langem als einer unserer tüchtigsten Ameisenforscher bekannt. Seine Beobachtungen zeichnen sich durch Klarheit und Überzeugungskraft aus. Es ist mit Freuden zu begrüßen, daß er sein reiches Wissen im Rahmen einer populären Bücherreihe einem größeren Kreise zugänglich macht." (Die Umschau.)

„Kein Märchendichter hätte wohl eine wundersamere reichere und feiner gefügte Hinterwelt ersinnen können, als sie uns hier als Ergebnis unendlichen Fleißes der Wissenschaft von kundiger Hand enthüllt wird. Ein besonders wichtiger Abschnitt über das Sinnes- und Seelenleben nimmt auf Grund experimenteller Erfahrung kritisch Stellung gegen die Bewertung der Ameisen als bloße Reflexmaschinen, wie als intelligent handelnde Wesen, und zeigt, wie weit ihnen Gedächtnis und Lernfähigkeit eingeräumt werden müssen. Alles in allem ein Naturforschern wie Naturfreunden warm zu empfehlendes Buch."
(Schwäbischer Merkur.)

„Der hervorragende Kenner der wissenschaftlichen Ameisenkunde schenkt hier der deutschen Literatur eine klassische Darstellung. Nicht nur der spezielle Freund der Ameisen wird hier Belehrung finden, vielmehr führt Brun von den überaus seltsamen Beobachtungen, Forschungswegen und Ergebnissen der Myrmekologie auf Zusammenhänge der allgemeinen Biologie, Psychologie, Soziologie und Entwicklungslehre, so daß jeder Gebildete die ausgezeichnete Schrift lesen sollte." (Blätter für die Schulpraxis.)

Gesamtverzeichnis
von „Teubners Naturwissenschaftliche Bibliothek" siehe S. 4 der Anzeigen.

Bienen und Bienenzucht
Von Prof. Dr. E. Zander
Mit 41 Abbildungen. (ANuG Band 705.) Gebunden M. 2.—

Nach einer allgemeinen Übersicht über die wirtschaftlichen Voraussetzungen der Bienenzucht wird im ersten Teil Bau und Leben der Bienen behandelt, im zweiten Teil gezeigt, wie eine rationelle Bienenzucht zu treiben ist. Das Bändchen gibt eine für den Imker wie jeden Naturfreund gleich wertvolle Darstellung der gesamten Bienenkunde.

Tierpsychologie
Eine Einführung in die vergleichende Psychologie. Von Prof. Dr. K. Lutz
Mit 29 Abbildungen (ANuG Band 826.) Gebunden M. 2.—

Gibt einen Überblick über die Forschungsmethoden und Ergebnisse der neuen wissenschaftlichen Tierpsychologie unter Berücksichtigung der entwicklungsgeschichtlichen Auffassung. Es werden die Instinkt-, Gedächtnis- und Denkhandlungen der Tiere einer eingehenden Betrachtung unterzogen, die neuesten Ergebnisse für die Abrichtung der Tiere erläutert, und ferner wird auf den Wert der Tierpsychologie für die Psychologie im allgemeinen und für den Kynologen im besonderen hingewiesen.

Verlag von B. G. Teubner in Leipzig und Berlin

Allgemeine Biologie. Einführ. in die Hauptprobleme der organischen Natur. Von Prof. Dr. H. Miehe. 3. Aufl. Mit 44 Abb. (ANuG Bd. 130.) Geb. M. 2.—

Versucht eine umfassende Totalansicht des organischen Lebens zu geben, indem nach einer Erörterung der spekulativen Vorstellungen über das Leben und einer Beschreibung des Protoplasmas und der Zelle die hauptsächlichsten Äußerungen des Lebens und im Anschluß daran die Theorien über Entstehung und Entwicklung der Lebewelt, sowie die mannigfachen Beziehungen der Lebewesen untereinander behandelt werden.

Einführung in die Biologie. Von Prof. Dr. K. Kraepelin. Bearb. von Prof. Dr. C. Schäffer. Gr. Ausgabe. 6., verb. Aufl. Mit 465 Textb., 4 schw. Taf., 4 Taf. in Buntdruck u. 2 Karten. Geb. M. 8.—. Kl. Ausgabe. 2. Aufl. Mit 333 Abb., 3 schw. Tafeln sowie 2 Tafeln u. 2 Kart. in Buntdruck. Geb. M. 4.40

„Jeder wird dieses Buch mit hohem Genuß lesen und zugeben müssen, daß hier ein Schatz kostbarer Gedanken ausgebreitet liegt, von dem der Gebildete mehr, als es heute der Fall zu sein pflegt, mit ins Leben hinaus nehmen müßte." (Deutsche Literatur-Zeitung.)

Das Tier als Glied des Naturganzen. Von Prof. Dr. F. Doflein. Mit 740 Abbildungen im Text und 20 Tafeln in Schwarz- und Buntdruck nach Originalen erster Künstler. In Halbleinen geb. M. 38.—

„In glänzender Weise führt Prof. Doflein die gesamten Erscheinungen im Tierleben vor, die teilweise bisher eine Darstellung noch nicht gefunden hatten. Der Stoff ist vom Verfasser in der wissenschaftlicher und dabei doch jedem Gebildeten durchaus verständlicher und ihn fesselnder Weise behandelt." (Sühlings Landwirtschaftliche Zeitung.)

Die Beziehungen der Tiere und Pflanzen zueinander. Von Prof. Dr. K. Kraepelin. 2 Bde. 2., verb. Aufl. 1. Bd.: Die Beziehungen der Tiere zueinander. Mit 64 Abb. 2. Bd.: Die Beziehungen der Pflanzen zueinander und zu den Tieren. Mit 68 Abb. (ANuG Bd. 426/27.) Geb. je M. 2.—

„Was alles in diesen inhaltreichen, mit bewundernswerter Beherrschung des Stoffes und in ansprechender Form geschriebenen Bändchen zusammengefaßt ist, davon geben die Überschriften der Hauptabschnitte einen nur annähernden Begriff." (Frankfurter Zeitung.)

Die Schädlinge im Tier- und Pflanzenreich und ihre Bekämpfung. Von Geh. Reg.-Rat Prof. Dr. K. Eckstein. 3. Aufl. Mit 36 Fig. (ANuG Bd. 18.) Geb. M. 2.—

Die Bakterien im Haushalt der Natur und des Menschen. Von Prof. Dr. E. Gutzeit. 2. Aufl. Mit 13 Abb. (ANuG Bd. 242.) Geb. M. 2.—

Blütengeheimnisse. Eine Blütenbiologie in Einzelbildern von Prof. Dr. G. Worgitzky. Mit 47 Abbildungen, Buchschmuck von J. V. Cissarz und einer farbigen Tafel von P. Flanderky. 3. Aufl. Geb. M. 4.—

Biologisches Experimentierbuch. Anleitung zum selbsttätigen Studium der Lebenserscheinungen für jugendliche Naturfreunde. Mit 100 Abbildungen. Von Prof. Dr. C. Schäffer. Geb. M. 4.60

Große Biologen. Bilder aus der Geschichte der Biologie. Von Prof. Dr. W. May. Mit 21 Bildnissen. Geb. M. 3.80

Das Buch entwirft in 8 Kapiteln ein Bild von der Forschertätigkeit der hervorragendsten Biologen des Altertums und der Neuzeit, eines Aristoteles, Linné, Cuvier, Baer, Johannes Müller, Schleiden, Pasteur und Darwin.

Zoologisches Wörterbuch. Von Dr. Th. Knottnerus-Meyer. (Teubners kleine Fachwörterbücher Bd. 2.) Geb. M. 4.—

Gibt in etwa 4000 Stichwörtern eine sachliche und wortableitende Erklärung der zoologischen Fachausdrücke und eine kurze Beschreibung aller Klassen und Ordnungen des Tierreiches.

Botanisches Wörterbuch. Von Dr. O. Gerke. Mit 103 Abb. (Teubners kl. Fachwörterbücher Bd. 1.) Geb. M. 4.—

Gibt in mehr als 5000 Stichwörtern eine sachliche und worterklärende Umschreibung der wichtigeren Pflanzennamen und botanischen Fachausdrücke; es enthält die lateinisch-griech. Artbezeichnungen und Gattungsnamen der Pflanzen, die wissenschaftl. und deutschen Namen der Familien und größeren Gruppen, die nach Bau, Eigentümlichkeiten und Verwendbarkeit beschrieben werden.

Verlag von B. G. Teubner in Leipzig und Berlin

Das Mikroskop. Seine wissenschaftlichen Grundlagen und seine Anwendung. Von Dr. A. Ehringhaus. Mit 76 Abb. (ANuG Bd. 678.) Geb. M. 2.—

Einführung in die Mikrotechnik. Von Prof. Dr. V. Franz u. Oberstudiendir. Dr. H. Schneider. Mit 18 Abb. (ANuG Bd. 765.) Geb. M. 2.—

Deutsches Vogelleben. Zugleich als Exkursionsbuch für Vogelfreunde. Von Prof. Dr. A. Voigt. 2. Aufl. (ANuG Bd. 221.) Geb. M. 2.—

Führer durch unsere Vogelwelt. Von Oberstudienrat Prof. Dr. B. Hoffmann. I. Teil. Zum Beobacht. u. Bestimmen der häufigsten Arten durch Auge und Ohr. 2., verm. u. verb. Aufl. Mit über 300 Notenbildern von Vogelrufen und -gesängen im Text sowie einer system. Ordnung d. behandelten Arten, einer Auswahl von 42 Vogelliedern u. Bildschmuck nach Zeichnungen von K. Soffel. Geb. M. 5.—
II. Teil: Vom Bau u. Leben der Vögel. Mit Buchschmuck nach Originalzeichnungen von M. Semmer und 2 Tafeln. Geb. M. 3.40

„Das Vogelbuch ist ein restloser Freudenquell. Der Verfasser macht mit uns in den verschiedenen Monaten Wanderungen im Garten, Wald, Feld, Wiese, beobachtet mit uns und sucht durch Lautnachschreibung und Noten die Vogelstimmen der gesehenen Tiere wiederzugeben. mir scheint, die beste Art, wie solches überhaupt auf dem Papiere möglich ist." (Führerztg. f. d. dtsch. Wandervogelführer.)

Vogelzug und Vogelschutz. Von Dr. W. R. Eckardt. Mit 6 Abb. (ANuG Bd. 218.) Geb. M. 2.—

Naturstudien im Hause. Von Prof. Dr. K. Kraepelin. Mit Zeichn. von O. Schwindrazheim. 5. Aufl. durchges. von Dr. C. W. Schmidt. Geb. M. 3.80
Volksausgabe der „Naturstudien". Eine Auswahl. 3. Aufl. Geb. M. 2.—

„Wer kennt sie nicht, die unvergleichlichen Naturstudien Kraepelins! Verfasser wendet sich an die heranwachsende Jugend, um in ihr Interesse für die mannigfachen Erscheinungen und Geschehnisse im Garten und draußen in Feld und Wald zu erwecken und sie zu eigener Beobachtung, zu eigener geistiger Arbeit hinzuleiten." (Preußische Schulzeitung.)

Erlebte Naturgeschichte. (Schüler als Tierbeobachter.) Von Studiendirektor C. Schmitt. 3. Aufl. Mit 35 Abbildungen. Kart. M. 4.50

Ein eigenartiges, für jeden Naturfreund interessantes Buch. Es bringt eine große Zahl von Niederschriften 13—17jähriger Schüler über ihre Beobachtungen und Versuche an Tieren aus allen Klassen des Tierreichs und zeigt, wie auch ohne teure Apparate und langwierige Vorbereitungen viel interessante und wertvolle Naturbeobachtungen gemacht werden können.

Streifzüge durch Wald und Flur. Eine Anleitung zur Beobachtung der heimischen Natur in Monatsbildern. Von weil. Prof. B. Landsberg und weil. Rektor Prof. Dr. W. B. Schmidt. 6. Aufl., vollst. neubearb. von Prof. Dr. A. Günthart. Mit zahlr. Originalzeichnungen u. 100 Abbildungen. Geb. M. 5.60

„... Niemand mehr, der dieses Buch als seinen Führer erwählt hat, wird gleichgültig im Freien herumgehen, sondern er wird überall und jederzeit etwas finden, das sein Denken beschäftigen wird." (Westermanns Monatshefte.)

Neue Geschichten aus dem Tierleben. Von A. Marx. 2. Aufl. Mit 23 Abbildungen. Geb. M. 3.—

„Ein prächtiges Büchlein für jung und alt, voll herzerfrischenden Humors! Schilderungen wie ‚Freßsack', ‚Kreuzotter' sind auch für uns von speziellem Interesse, aber auch ‚Frühlingsnacht', ‚Pica', ‚Grimbarts Nachtbummel' und andere wird jeder Naturfreund mit Behagen lesen!..." (Blätter für Aquarien- und Terrarienkunde.)

Unsere Pflanzen. Ihre Namenserklärung u. Stellung i. d. Mythologie u. i. Volksabergl. Von Dr. Fr. Söhns. M. Buchschm. v. J. V. Cissarz. 6. Aufl. Kart. M. 5.—

Pflanzen in Sitte, Sage und Geschichte. Für Schule und Haus von F. Warnke. Kart. M. 2.20

Verlag von B. G. Teubner in Leipzig und Berlin

Teubners
Naturwissenschaftliche Bibliothek

Die Sammlung will Lust und Liebe zur Natur wecken und fördern, indem sie in leichtfaßlicher Weise über die uns umgebenden Erscheinungen aufklärt und die Selbsttätigkeit anzuregen sucht, sei es durch bewußtes Schauen und sorgfältiges Beobachten in der freien Natur oder durch Anstellung von planmäßigen Versuchen daheim. Zugleich soll der Leser einen Einblick gewinnen in das Leben und Schaffen großer Forscher und Denker durch Lebensbilder, die von Ausdauer, Geduld und Hingabe an eine große Sache sprechen. — Die mit zahlreichen Abbildungen geschmückten Bändchen, die auf einen geordneten Anfangsunterricht in der Schule aufgebaut sind, sind nicht nur für Schüler bestimmt, sie werden auch erwachsenen Naturfreunden, denen daran liegt, die in der Schule erworbenen Kenntnisse zu verwerten und zu vertiefen — vor allem aber Studierenden und Lehrern —, nützlich sein.

Serie A. Für reifere Schüler, Studierende und Naturfreunde.
Alle Bände sind reich illustriert und geschmackvoll gebunden.

Große Physiker. Von Direktor Prof. Dr. Joh. Keferstein. Mit 12 Bildnissen . . . . M. 4.60

Physikalisches Experimentierbuch. V. Studienrat Prof. H. Rebenstorff. 3. Aufl. Mit zahlr. Abb. [In Vorb. 1926.]

Chemisches Experimentierbuch. V. Prof. Dr. K. Scheid. In 2 Teilen. I. Teil. 4. Aufl. Mit 77 Abb. M. 3.80. II. Teil. 2. Aufl. Mit 51 Abb. M. 4.—

An der Werkbank. Von Prof. E. Gscheidlen. Mit 110 Abbildungen und 44 Tafeln . . . M. 4.—

Hervorragende Leistungen der Technik. Von Prof. Dr. K. Schreber. M. 56 Abbildungen. M. 3.40

Vom Einbaum zum Linienschiff. Streifzüge auf dem Gebiete der Schiffahrt und des Seewesens. Von Ing. Karl Radunz. Mit 90 Abbildungen. M. 3.60

Die Luftschiffahrt. Von Dr. R. Nimführ. Mit 99 Abbildungen . . . . M. 3.—

Aus dem Luftmeer. Von Studienrat M. Sassenfeld. Mit 40 Abbildungen . . . . M. 2.80

Himmelsbeobachtung mit bloßem Auge. Von Studienrat Franz Rusch. 2. Aufl. Mit 30 Figuren und 1 Sternkarte als Doppeltafel . . M. 3.20

An der See. Geogr.-geologische Betrachtungen. Von Prof. Dr. P. Dahms. Mit 61 Abb. M. 3.80

Küstenwanderungen. Biologische Ausflüge. Von Prof. Dr. V. Franz. Mit 92 Figuren . M. 3.—

Geologisches Wanderbuch. Von Dir. Prof. Dr. K. G. Volk. 2 Teile. I. 2. Aufl. Mit 201 Abb. u. 1 Orientierungstafel. M. 6.—. II. 2. Aufl. Mit 281 Abb. im Text, 1 Orientierungstafel u. 1 Titelbild . . . . M. 6.—

Große Geographen. Bilder aus der Geschichte der Erdkunde. Von Prof. Dr. Felix Lampe. Mit 6 Porträts, 4 Abb. und Kartenskizzen . M. 5.—

Geographisches Wanderbuch. Von Studienrat Dr. A. Berg. 2. Aufl. Mit 212 Abb. M. 5.80

Anleitung zu photogr. Naturaufnahmen. Von Lehr. G. E. H. Schulz. Mit 41 phot. Aufn. M. 3.60

Vegetationsschilderungen. Von Prof. Dr. P. Graebner. Mit 40 Abbildungen . . . M. 2.80

Unsere Frühlingspflanzen. Von Prof. Dr. Fr. Höck. Mit 76 Abbildungen . . . . M. 2.80

Große Biologen. Bilder a. d. Geschichte d. Biologie. Von Prof. Dr. W. May. Mit 21 Bildn. M. 3.80

Biologisches Experimentierbuch. Anleitung z. selbst. Stud. d. Lebenserscheinung. f. jugendl. Naturfreunde. V. Prof. Dr. E. Schäffer. M. 100 Abb. M. 4.60

Erlebte Naturgeschichte. (Schüler als Tierbeobachter.) Von Studiendirektor E. Schmitt. 3. Aufl. Mit 35 Abb. Kart. . . . . M. 4.50

Das Leben der Ameisen. Von Privatdoz. Dr. A. Brun. Mit 60 Abb. Geb. . . . . M. 5.—

Insektenbiologie. Von Prof. Dr. Chr. Schröder. Mit 59 Abb. i. T. . . . . M. 5.40

Serie B. Für jüngere Schüler und Naturfreunde.

Physikalische Plaudereien für die Jugend. Von Oberlehrer E. Wunder. Mit 15 Abbildungen. Kart. . . . . M. 1.—

Chemische Plaudereien für die Jugend. Von Oberlehrer E. Wunder. Mit 5 Abbildungen. Kart. . . . . M. 1.—

Mein Handwerkszeug. Von Prof. O. Frey. Mit 12 Abbildungen. Kart. . . . . . . M. 1.—

Vom Tierleben in den Tropen. Von Prof. Dr. K. Guenther. Mit 7 Abbildungen. Kart. M. 1.—

Versuche mit lebenden Pflanzen. Von Dr. A. Dettli. Mit 7 Abbildungen. Kart. . M. 1.—

Verlag von B. G. Teubner in Leipzig und Berlin

MIX
Papier aus verantwortungsvollen Quellen
Paper from responsible sources
FSC® C105338

If you have any concerns about our products,
you can contact us on
ProductSafety@springernature.com

In case Publisher is established outside the EU,
the EU authorized representative is:
**Springer Nature Customer Service Center GmbH
Europaplatz 3, 69115 Heidelberg, Germany**

Printed by Libri Plureos GmbH
in Hamburg, Germany